绿色建筑与节能设计

高 露 石 倩 岳增峰 著

延边大学出版社

图书在版编目（CIP）数据

绿色建筑与节能设计 / 高露，石倩，岳增峰著. -- 延吉 ： 延边大学出版社，2022.8

ISBN 978-7-230-03641-2

Ⅰ. ①绿… Ⅱ. ①高… ②石… ③岳… Ⅲ. ①生态建筑②节能－建筑设计 Ⅳ. ①TU-023②TU201.5

中国版本图书馆CIP数据核字(2022)第148433号

绿色建筑与节能设计

著　　者：高　露　石　倩　岳增峰
责任编辑：金璟璇
封面设计：李金艳
出版发行：延边大学出版社
社　　址：吉林省延吉市公园路977号　　邮　　编：133002
网　　址：http://www.ydcbs.com　　E-mail：ydcbs@ydcbs.com
电　　话：0433-2732435　　传　　真：0433-2732434
印　　刷：英格拉姆印刷（固安）有限公司
开　　本：710×1000　1/16
印　　张：13
字　　数：200 千字
版　　次：2022 年 8 月 第 1 版
印　　次：2022 年 8 月 第 1 次印刷
书　　号：ISBN 978-7-230-03641-2

定价：68.00元

前言

中国社会已经进入绿色发展新时期，低碳与智慧城市、绿色建筑是新时期城乡建设行业发展的核心主题。在中华历史文明的长河中，传统建筑文明因可以衡量城市与建筑文化先进的程度而占有极其重要的地位。国人如今引以为荣的历朝历代传承下来的地域性传统建筑，既是我国不同地域多民族建筑文化的载体，也蕴含着我国先民们在农耕时代积淀的建造智慧和经验。我们应该保护和传承这些宝贵的建筑文化遗产，还应该创造代表当今社会发展水平的新的建筑文明。

我国目前是世界上最大的建筑市场之一。建筑能耗占全社会总能耗的比重达 28%，连同建筑材料生产和建筑施工过程的能耗所占比重接近 50%。现在我国每年新建建筑中，有些是高能耗建筑；而既有建筑中，只有 4%采取了提高能源效率措施，节能潜力巨大。从近几年建筑能耗的情况看，我国建筑用能呈现出逐年上升趋势。面对这种形势，我国政府对发展绿色建筑给予了高度重视，近年来陆续制定并提出了若干发展绿色建筑的重大决策。因此，树立全面、协调、可持续的科学发展观，在建筑领域里将传统高消耗型发展模式转变为高效生态型发展模式，即走绿色建筑与节能环保设计之路，是我国乃至世界建筑的必然发展趋势。

本书共有六章，第一章是绿色建筑与节能评估体系，分别从绿色建筑节能概念、绿色建筑的发展以及绿色建筑节能评估体系进行论述。第二章是绿色建筑与节能环保设计的主要内容，分别从绿色建筑与节能环保化规划与设计、绿色建筑与节能环保化选址、节地与室外环境设计两个方面进行论述。第三章讲的是绿色建筑与节能环保材料，分别从绿色建筑材料的标准与分类、绿色建筑围护结构节能材料以及绿色建筑装饰节能材料三个方面进行论述。第四章讲的是绿色建筑与节能技术，分别从建筑节能设计与技术、可再生能源利用技术、城市雨水利用技术、污水再利用技术以及建筑节材技术五个方面进行论述。第五章讲的是绿色建筑与绿色施工、装修，分别从绿色施工、绿色装修及绿色建筑的节能环保化维护与运营三个方面进行论述。第六章讲的是绿色建筑与节能环保设计推广，分别从政府对绿色建筑和节能环保的促进与管理、绿色建筑与节能环保宣传教育、企业绿色建筑与节能环保发展推广战略以及绿色建筑与节能环保推广机制研究四个方面进行论述。

由于绿色建筑与节能设计内容非常丰富，书中难免挂一漏万；同时由于作者水平有限，书中难免存在不足之处，望读者批评指正。

笔者

2022 年 5 月

目　录

第一章 绿色建筑与节能评估体系

第一节 绿色建筑节能概念

一、绿色建筑的基本概念

随着社会的进一步发展，人们的经济实力得到发展，人们开始期望对生活条件加以改善。对于生活条件的改善，首先要考虑的便是改善居住条件。然而伴随着社会的进步，生态环境正遭受着严峻考验。人们在居住方面，迫切需要一种新型的既省料节能又绿色环保的建筑形式。于是，绿色节能建筑便应运而生。

近年来，几乎所有楼盘都以“绿色”“生态”“环保”为宣传口径吸引人们的眼球。然而真正被住房和城乡建设部承认或被授予绿色建筑评价标识的并不多。现有所宣称的“绿色建筑”有相当一部分是“假冒”的。那么，究竟什么才是真正的绿色建筑呢？

有些人将“采菊东篱下，悠然见南山”的惬意之所看成绿色建筑，有些人将高科技产品堆积的“生活容器”看成绿色建筑，有些人将昂贵奢华的舒适空间看成绿色建筑，这些都存在一定的片面性。事实上，绿色建筑只是对这种新型建筑体系的一种习惯性称谓。与之对应的称谓还有很多，如“生态建筑”“可持续性建筑”“共生建筑”“自维持建筑”“有机建筑”“仿生建筑”“自然建筑”“新乡土建筑”“环境友好型建筑”“节能环保建筑”等。“绿色建筑”

中的“绿色”也并不是指一般意义上的立体绿化、屋顶绿色建筑花园，而是一种节能、生态概念或象征，是指对环境无害，能充分利用自然环境资源，并且在不破坏环境基本生态平衡条件下建造的一种建筑。

关于绿色建筑的定义，由于各国经济发展水平、地理位置和人均资源等条件的不同，国际上的表述也各不相同。如英国建筑服务研究与信息协会（The Building Services Research and Information Association，简称 BSRIA）把绿色建筑界定为：“对建立在资源效益和生态原则基础之上的、健康建筑环境的营建和管理。”此定义是从绿色建筑的营建和管理过程的角度出发，强调了“资源效益和生态原则”和“健康”性能要求。马来西亚建筑师杨经文指出：“绿色建筑作为可持续性建筑，它是以对自然负责的、积极贡献的方法在进行设计。生态设计概念的本质不是从与自然的斗争中撤退，更不是战败，而是坚持不懈地寻求对自然环境最小程度的影响，并且阻止它的退化。”在这里，杨经文认为绿色建筑就是可持续性建筑，是对环境有益且具有建设性的新型建筑。

上述各国对绿色建筑的阐述虽有不同，但普遍认为绿色建筑应是“可持续发展的、生态的、最低限度消耗资源的，同时又能提供更加环保、舒适的居住空间”。2004 年 8 月，建设部（现为住房和城乡建设部，以下同）在《全国绿色建筑创新奖管理办法》中给出了“绿色建筑”的明确定义，即“绿色建筑是指为人们提供健康、舒适、安全的居住、工作和活动的空间，同时实现高效率地利用资源（节能、节地、节水、节材）、最低限度地影响环境的建筑物。”从这一概念来看，一座绿色建筑，其概念应该诞生于“绿色设计”阶段；其实体，形成于“绿色施工”过程；其效果，体现于建筑实体为社会“绿色服务”的时时刻刻。绿色建筑的“绿色”应贯穿于建筑的整个环节和全寿命周期中。

2005 年 10 月，建设部等部门颁布的《绿色建筑技术导则》中将绿色建筑定义为“绿色建筑是指在建筑的全寿命周期内，最大限度地节约资源（节能、节地、节水、节材）、保护环境和减少污染，为人们提供健康、适用和高效的使用空间，与自然和谐共生的建筑”。这里包含以下四个方面内涵：第一，全寿命周期。主要强调建筑对资源和环境的影响在时间上的意义，关注的是建筑从最初的规划设计到后来的原材料开采、运输与加工、施工建设、运营管理、维修与改造、拆除及建筑垃圾的自然降解或资源的回收再利用等各个环节。第二，最大限度地节约资源、保护环境和减少污染。资源的节约和材料的循环使用是关键，力争减少二氧化碳的排放，做到“少费多用”。第三，满足建筑根本的功能需求。满足人们使用上的要求，为人们提供“健康”“适用”和“高效”的使用空间。健康的要求是最基本的，节约不能以牺牲人的健康为代价。强调适用，强调适度消费的概念，不能提倡奢侈与浪费。高效使用资源是在节约资源和保护环境的前提下实现绿色建筑基本功能的根本途径和原则。这就要求必须大力开展绿色建筑技术创新，提高绿色建筑的技术含量。第四，与自然和谐共生。发展绿色建筑的最终目的是要实现人、建筑与自然的协调统一，这是绿色建筑的价值理想。这个定义集中了不少专家的智慧，得到了广泛认同。

概括来说，绿色建筑应包含三点内容：一是节能，二是保护环境，三是满足人们使用上的要求。它与普通建筑的区别在于：第一，老的建筑能耗非常大，在建造和使用过程中消耗了全球能源的 50%，产生了 34%的污染，而绿色建筑耗能可降低 70%～75%，有些发达国家达到零能源、零污染、零排放。第二，普通建筑采用的是商品化的生产技术，建造过程的标准化、产业化，造成建筑风格大同小异，千城一面；而绿色建筑强调的是采用本地的文化、本地的原材料，强调本地的自然和气候条件，这样在风格上实现完全本地化。第三，传统的建筑是封闭的，与自然环境隔离，室内环境往往不利于健康；而绿色建筑的内部与外部采取有效的连通办法，会随气候变化自动调节。第四，普通建筑形式仅仅在建造过程或使用过程中对环境负责；而绿色建筑强调的是从原材料的开采、加工、运输一直到使用，直至建筑物的废弃、拆除，都要对人负责。由此可以看出，绿色建筑并不像某些房地产企业那样仅简单地用“节能”“节水”“隔热”“保温”“隔声”等字眼就能概括得了的，也并不是多建些草坪、多种些树木就能实现的，高投入、高智能化也不等同于绿色建筑。

二、建筑节能的基本概念

在上述绿色建筑的定义中，“节能”是绿色建筑的基本要求、基本评价指标，是绿色建筑与普通建筑最根本的区别，也是绿色建筑兴起的原始动力。

建筑节能的内涵是指建筑物在建造和使用过程中，人们依照有关法律、法规的规定，采用节能型的建筑规划、设计，使用节能型的材料、器具、产品和技术，以提高建筑物的保温隔热性能，减少采暖、制冷、照明等能耗，在满足人们对建筑物舒适性需求（冬季室温在 18℃以上，夏季室温在 26℃以下）的前提下，达到在建筑物使用过程中，能源利用率得以提高的目的。

建筑节能是关系人类命运的全球性课题。建筑节能的历史到现在只有四五十年。1973 年第一次世界性能源危机以前，石油价格低廉，人们对节能并不关心。能源危机爆发后，石油价格飞涨，节能问题开始引起广泛重视。建筑用能要消耗全球大约 1/3 的能源，建筑在用能的同时，还向大气排放大量污染物，如总悬浮颗粒物、二氧化硫、氮氧化物等。于是，各国普遍开始重视建筑节能。

在绿色建筑的发展过程中，世界上“建筑节能”曾有过不同含义，自从 1973 年发生世界性能源危机以后的几十年里，在发达国家，它的说法已经经历了三个发展阶段：第一阶段，称为在建筑中节约能源；第二阶段，称为在建筑中保持能源，即在建筑中减少能源的散失；第三阶段，称为在建筑中提高能源利用率，即不是消极意义上的节省，而是积极意义上的提高能源利用效率。

在我国，现在通称的建筑节能，其含义应为第三阶段的内涵，即在建筑中合理地使用和有效利用能源，不断提高能源利用效率。具体来说，建筑节能是指在居住建筑和公共建筑的规划、设计、建造和使用过程中，通过执行现行建筑节能标准和采用经济合理的技术措施，提高建筑围护结构热工性能，采用节能型用能系统和可再生能源利用系统，保证建筑物使用功能和室内环境质量，切实降低建筑能源消耗，更加合理、有效地利用能源的活动。

三、发展绿色建筑的意义

大力发展绿色建筑意义重大。它是落实以人为本，全面、协调、可持续的科学发展观的重要举措；是转变建筑业增长方式的迫切需要；是按照减量化、再利用、资源化的原则，促进资源综合利用，建设节约型社会，发展循环经济的必然选择；是节约能源，保障国家能源安全的关键环节；是探索解决建筑行业高投入、高消耗、高污染、低效益等问题的根本途径；是改造和提升传统的建筑业、建材业，实现建筑事业健康、协调、可持续发展的重大战略性工作。

（一）绿色建筑节约能源和资源，减少二氧化碳的排放

建筑本身就是能源消耗大户，同时对环境也有重大影响。据统计，全球有50%的能源用于建筑，同时人类从自然界所获得的50%以上的物质原料也被用来建造各类建筑及其附属设施。另外，建筑引起的空气污染、光污染、电磁污染占据了环境总污染的1/3还多。人类活动产生的垃圾，其中40%为建筑垃圾。对于发展中国家而言，由于大量人口涌入城市，对住宅、道路、地下工程、公共设施的要求越来越高，所耗费的能源也越来越多，这与日益匮乏的石油资源、煤资源产生了不可调和的矛盾。

21世纪上半叶中国的资源供应形势比20世纪严峻得多，特别是水、耕地与石油能源不足。如果不采取相应的有效措施，经济繁荣的自然资源物质基础将出现全面性危机。面对如此严峻的资源短缺、环境危机的局面，节约资源是中国缓解资源约束的现实选择。目前中国建筑业是占地、耗水、耗材和耗能大户，并存在严重的资源浪费、污染环境等问题，大力发展建筑节能和积极推进绿色建筑刻不容缓。这对全面落实科学发展观，建设资源节约型、环境友好型

社会具有战略意义。

（二）绿色建筑减少环境污染，保护生态环境

大力发展绿色建筑是减少环境污染、保护生态环境、提高生活质量、保障人民身体健康的迫切需要。当前农村环境问题日益突出，生活污染、工矿污染加剧，饮水安全存在隐患，呈现出污染从城市向农村转移的态势，其中建筑行业是主要的污染源之一。要改变这种局面，就需要大力推进以最大限度地节约资源、保护环境和减少污染为主要特征的绿色建筑体系和生态城市建设，这是保障城乡人民健康的迫切要求。

（三）绿色建筑是建筑业转变增长方式的迫切需要

目前，发展绿色建筑已成为房地产业转型的重要方向，成为决定企业成败的关键因素。我国建筑能耗在终端总能耗中所占的比例为30%，而且随着城镇化进程的加快而迅速攀升。房地产业在节能降耗减排中占据重要地位。大力发展绿色建筑，推进建筑节能，对于整个社会的节能降耗，建设资源节约型、环境友好型社会，以及实现经济可持续发展具有重要的现实意义。随着可持续发展和节能环保的理念深入人心，绿色建筑已成为建筑业发展的基本方向。

（四）绿色建筑可提供更加舒适的生活环境

绿色建筑是生态建筑、可持续建筑。绿色建筑能够提供更加舒适的生活环境是由其本身性质决定的。其内容不仅包括建筑本身，也包括建筑内部以及建筑外部环境的生态功能系统。围绕绿色建筑，可以充分利用一切资源，因地制宜，就地取材，从规划、设计、环境配置的建筑手法入手，通过各种绿色技术手段合理地提高建筑室内的舒适性，同时为居民提供良好的生活环境。室外环境是通过科学的整体设计，集成绿色配置、自然通风、自然采光、低能耗围护结构、新能源利用、中水回用、绿色建材和智能控制等高新技术，达到资源利

用高效循环、节能措施综合有效、建筑环境健康舒适的目的。

当然，人们对于建筑质量的认识不可避免要经历一个从肤浅到内在的发展过程，从豪华装修到豪华绿化再到今天的绿色建筑，人们最终会发现，强调环境友好、健康高效的绿色建筑所带来的建筑质量更具有深刻意义。正是由于可持续发展、能源危机、房地产转型和消费者需求变化都在绿色建筑中找到了共同的契合点，因此绿色建筑的兴起成为发展的必然选择。

四、绿色建筑的实现途径

（一）绿色建筑的特点

在探索绿色建筑的实现途径之前，我们可以先看一下绿色建筑的特点，可将其概括为以下几个方面：

1.绿色建筑的社会性

发展绿色建筑必须立足于现代人的生活水平、审美要求和道德、伦理价值观。在目前阶段，绿色建筑面临的最大问题是观念问题。

一方面，绿色建筑的内涵要求人们在日常生活中注意约束自己的行为，比如在建筑的设计阶段，建筑师或设备工程师应有意识地考虑到生活垃圾的回收利用，考虑到如何控制烟气对非吸烟人群的危害；在建筑的运营阶段，要做到节能，就需要自觉地做到人走关灯、关电脑，节约用水，将空调温度调到26℃等。这些都不是技术能解决的问题，而是一个人的意识问题、生活习惯问题，这不仅仅是一种单纯的利己行为，也是一种利他行为。而这种利他性，则需要公共道德的监督和自我道德的约束。这种道德，即所谓的“环境道德”或“生态伦理”。

另一方面，现代生活和工作的节奏快、压力大，对舒适度和健康的关注程度，在很多时候远远高于对所消耗的能源和资源的关注程度。比如对大面积玻璃幕墙的追求，如果没有合理的配套遮阳设计会带来高昂的运营成本，更不用说光污染和维护、清洗的难度。

这就提示我们，在提倡绿色建筑的时候，应该尽可能地以满足现代人的心理需求为前提；否则，片面强调绿色建筑对资源和能源的节约、对生活的约束，不仅会增加绿色建筑在社会中推广的难度，甚至会使人们对其产生一定的误解和抵触情绪。

2.绿色建筑的技术性

发展绿色建筑必须立足于现有的资源状况和现代的技术体系，用现代技术来解决现代人面临的问题，满足现代人们在生活中产生的需求。

就建筑对环境的影响而言，传统的木结构建筑也许是最生态和环保的。除此以外，福建客家的土楼、陕北的窑洞都尽可能地应用了当地资源，而且所用的材料皆为原生的自然资源。黏土、岩石等材料本身优异的环境性能，使得土楼和窑洞的室内温湿度常年保持在一定范围内，是现代人梦寐以求的“恒温恒湿”“冬暖夏凉”的建筑形式。

因而，绿色建筑本身也代表了一系列新技术和新材料的应用，代表了设计师更新的设计方法，比如全生命周期的设计、整体设计、环境设计等，代表了一种新的、各个专业之间的融合和交叉趋势。在建筑领域内环保问题的解决，得益于新能源或可再生能源应用技术的成熟和发展，得益于设计师、工程师设计理念和工具的更新，同时也得益于新技术对传统设备的升级改造。

3.绿色建筑的经济性

绿色建筑的环境效益和社会效益毋庸置疑是有利于社会可持续发展的，但由于其初始投资往往较高，通常不被投资商所看好。若期望企业能够自愿投资、建设生态建筑，那么就必须从全生命周期的角度出发，综合地考虑绿色建筑的价值，即充分考虑降低建筑在使用过程中的运行费用，甚至对人体健康、社会的可持续发展产生的影响，做出全面、客观的评估。

在绿色建筑的建设成本和后期的运营维护成本之间有一个全生命周期的

最佳平衡点，而建筑师和工程师的主要职责就是找到这个平衡点。

（二）实现途径

相对于其他行业，建筑业更容易实现节能降耗减排。关键是要把绿色建筑作为房地产业落实科学发展观、实现可持续发展的战略目标，从认识上再提高，制度上再完善，技术上再创新，市场上再开拓，在新建建筑全面推行绿色建筑标准的同时，加快既有建筑绿色化改造。具体而言，应注意把握好以下几点：

1.加大宣传力度，完善政策法规

要牢牢树立绿色建筑的意识并在社会上大力宣传，让人们理解绿色建筑的优点，组织全社会都参与建筑节能的活动中来，形成全民节能的意识。

不仅如此，由于绿色建筑以及建筑节能市场是一个市场机制容易失灵的领域，尤其在既有住房节能改造、新能源的利用等方面，需要强有力的行政干预才能取得实质性进展。缺乏统一的协调管理机制，会形成不良竞争局面，也会产生各种社会资源的浪费。发达国家对建筑节能都有一系列财税政策支持，我国也应建立健全相应的财税政策体系，鼓励和支持绿色建筑的发展。在政府经常性预算中设立建筑节能支出项目，主要用于节能宣传、技术开发、示范推广、能耗调查和节能监管；将一定比例的长期国债用于发展绿色建筑；设立既有建筑节能改造专项基金和供热运行机制改革专项基金；对建筑节能产品减征增值税等。通过节能和环保政策，可以在很大程度上消除市场失灵对绿色建筑发展的消极影响，并可提高资源的配置效率。当然，绿色建筑以及既有建筑绿色化节能改造，光靠政府投入很难满足如此庞大的资金需求，开发商、房屋产权单位、业主都要发挥积极作用，甚至引入外资参与。只有政策发挥好引导和规范作用，才能促进绿色建筑市场的健康发展；而不是过多干扰市场运行，妨碍市场机制运作。

进一步完善相关的法律法规，可在制度上对建筑节能给予保证。只有充分发挥法律的作用，绿色建筑体系的技术规划才能够转化为全体社会成员自觉或被迫遵循的规范，绿色建筑运行机制和秩序才能够广泛和长期存在。

2.加快技术进步，整合技术资源

要发挥好技术和产品的节能环保作用。绿色、节能、环保等理念是通过很多技术体系来支撑的。要加快技术进步，不断创新技术、工艺、材料，在此基础上，根据气候条件、材料资源、技术成熟程度以及对绿色建筑的功能定位，因地制宜，选择推广适应当地需要的、行之有效的建筑节能技术和材料。

在技术创新上，着力创新节能降耗减排技术，节水与水资源利用的设计技术，提高室内环境质量设计技术等，加大外墙内保温技术、空心砖墙及复合墙体技术、节能窗的保温隔热和密封技术，以及太阳能、地热等可再生能源技术的开发应用力度。

在建材选用上，要按照节约能源和保护环境的原则，发展新型绿色建材，完善有关技术标准，实施资质认证制度，加强各项性能指标的检测，加速新型节能绿色建材的推广应用，并尽量使用可再生建材，加大对新型管材系统和节水节电设施的应用，如用化工合成管材替代传统的铸铁管材，全面推广节水水箱、便器和延时感应冲洗阀等节水设施，配置中水回用系统，广泛采用节能灯具、声光控开关等高效节电设施等。

在技术整合上，在绿色建筑领域，新观念、新技术、新建材不断涌现，不缺乏技术，缺乏的是整合。关键要根据建筑功能要求，把不同的节能技术有机地整合到同一建筑中，统筹协调发挥它们各自的作用。例如，针对节能降耗，既应充分利用可再生能源，又要充分采用新兴技术、新型材料、新型装备，更多依赖建筑智能化系统来实现对各系统的控制，提高能源使用效率。

此外，应积极建立节能技术交流推广平台，主动吸收国外先进的建筑节能经验和技术，并在全国广泛推广。

从建筑全寿命周期出发，正确处理节能、节地、节水、节材、环保及建筑功能之间的关系，鼓励绿色建筑技术、工艺、建材的研发，广泛利用智能技术完善建筑功能，降低建筑能耗并以绿色技术的不断创新，推动建筑业走向集约化发展的道路。

3.完善监管体系，注重过程监督

绿色建筑是一个贯穿规划、设计、施工、使用全过程的系统化工程，体现为全过程的系统管理。节能降耗并不仅仅是决策者和设计师的事情，需要每一个人都参与进来，在策划设计阶段要坚持节能环保原则，施工过程、建材选用、施工工艺和日常使用都要达到节能、降耗、环保的要求。

在立项阶段，在对新建建筑工程项目的可行性研究报告或者设计任务书进行论证和评价时，应包括合理利用能源的专题论证，并将专题论证作为项目审批的重要内容。

在设计阶段，要对建筑物的各项环境指标进行周密考察，严格按照节能标准和规范进行设计。在设计过程中，针对绿色建筑各个构成要素，确定相应的设计原则和设计目标。综合考虑能源、资源、建筑材料、废弃物等各种因素，通过详细的环境评估、工程分析，选择合适的工作方式和手段，形成多元化的建筑文化。在设计完成后，要进行计算机模拟，对建筑本身、能源转换及设备系统、可再生能源这三项与建筑节能密切相关的内容进行评估，并进一步加以优化。

在招标阶段，实施市场准入制度，注意将建筑节能技术的落实列入重要评价条件，作为评定和选择的依据，施工单位应具备 ISO14001 环境管理体系认证，具有相应的建筑和节能施工资质。

在施工阶段，采用快速施工工艺、清洁施工工艺、循环使用施工工艺、保温施工工艺等，以提高效率，节约能源，增加和延长材料的利用率；还可减少用材不当和施工污染对人体健康造成的影响；认真落实建筑节能管理相关措施，着力抓好建筑施工阶段执行标准的监管。

在验收阶段，把节能环保技术和建材的应用情况，作为审核工程质量不可忽视的因素，在检测的基础上对节能和各类环保指标进行科学评估和全面验收。

在使用阶段，建筑交付使用以后的物业管理和用户日常节能至关重要，物业管理部门要通过对设备运行状态进行监测和相关数据的测量汇总，用数据提醒用户如何最合理地实现节能目标，要细化到用户应该什么时候开窗通风等细节，而不是单靠空调调节室内温度。

绿色建筑所采用新技术、新设备运行状态的监视和控制，要被纳入现有的控制体系中来，实现这些新技术、设备与现有控制手段的有机结合。要定期检查能耗情况，结合气候变化、入住率、设备状况等实际使用条件下的能耗分项计量数据，判断该建筑物运行管理是否节能高效，从而奖优罚劣，并完善包括节能和环保内容在内的房屋建筑质量赔偿办法。

4.充分发挥市场的激励和约束作用

在市场经济条件下，绿色建筑首先是一种商品，它从生产到消费背后有许多利益主体共同支撑，这些利益主体共同构成一条完整的产业链。作为这一产业链条的不同环节，研发机构、设计机构、建设机构、产品供应商、行业协会、消费者、金融机构乃至媒体等方方面面，都在绿色建筑这项高度集成的系统工程的发展历程中扮演不同的角色，是制约绿色建筑发展的直接因素。只有市场机制才能将这些利益主体统一起来。要完善市场运行机制，使各个利益主体既各得其所，又相互配合，以调动各方面发展绿色建筑的积极性。发挥市场配置资源基础性作用的方式多种多样，除了各种要素的市场化配置，实行建筑能效认证和标识制度，是常用的市场化方式。德国制定了房屋建筑的能耗标准，提出了“能源证书”概念，即建筑开发商销售住房时，必须向购房者提供住宅每年能耗的“能源证书”，以提高透明度，让消费者放心。只有当绿色环保成为社会消费的主流理念，建筑市场的发展才能形成不竭的动力。

总之，发展绿色建筑是建筑业转变发展方式的基本趋势。要抓住降低碳排放、降低能源消耗这个关键，努力发挥好技术创新的支持作用、行业监管的规范作用、政策引导的促进作用、市场机制的效率作用，实现绿色建筑的持续健康发展。

第二节　绿色建筑的发展

一、国外绿色建筑的发展

绿色建筑的概念是在20世纪60年代逐渐被提出来的。但绿色建筑并不是人类以往建筑历史的终结或断裂，而是对人类古代、近代和现代一切优秀传统、合理成分的继承和发展。如果离开了对世界建筑历史经验，特别是节约资源和保护环境的绿色智慧的继承与发扬，绿色建筑就成了无源之水、无本之木。

古代西方的建筑思想集中体现在古罗马建筑师维特鲁威的《建筑十书》中。该书的很多理论已经成为经典，被广泛传播和应用，用今天的视角看，维特鲁威所提出的“坚固、实用、美观”的建筑三原则，其中包含着一些有利于绿色建筑发展的思想。如他提出的“自然的适合”，即适应地域自然环境的思想；“建造适于健康的住宅”的思想；建筑的样式要“按照土地和方位的特性来确定”的建筑风格多样化思想；就地取材和关于使用遥远地方的建筑材料会造成运输困难和高耗费的思想；“与其建造其他装饰华丽的房间，不如建造对收获物能够致用的房舍”的建筑实用思想；反对浪费，保障建筑合理造价的思想等显著具有“绿色”成分，对今天的绿色建筑活动具有借鉴价值。

世界近代建筑发展史上也有很多绿色元素，如18世纪中期至19世纪上半期，由于产业革命给城市发展带来的负面效果逐渐显现，出现了工业生产污染严重、居住区密度过大、城市卫生状况恶化、环境质量急剧下降等问题，并引发了严重的社会问题。这一时期，英国、法国、美国等早期资本主义国家出现了城市公园绿地建设运动，这一实践是为解决当时社会城市卫生环境恶化问题应运而生的。城市公园与公共绿地在改善城市卫生环境、保障公众健康、提供休闲娱乐的公共空间，以及生态保护、安全防灾、创造良好的居住环境、诱导城市开发良性发展等方面功能显著，为大城市发展中被迫与自然隔离的人们创造了重新与自然亲近的机会。城市公园建设中提出了诸如城市公园与住宅联合开发模式、废弃地的恢复利用、设置开敞空间以提高城市防火灾能力，注重植被生态调节功能等具有创新性的规划理念和方法。城市公园建设实践体现了城市化发展早期人们对于城市发展与自然环境相互关系的思考，表现出人们对城市与大自然相融合、创造良好生态环境的强烈愿望，一定程度上体现了早期生态觉醒，对后世城市绿地系统与生态规划影响深远。

真正的绿色建筑概念的提出和思潮的涌现是第二次世界大战之后的事情。第二次世界大战之后，随着欧洲、美国、日本经济的飞速发展，建筑能耗问题开始备受关注，节能要求促进了建筑节能理念的产生和发展。现代绿色建筑的发展沿革大致可分为三个阶段，即唤醒和孕育期（20 世纪 60 年代），形成和发展期（1970～1990 年）以及蓬勃兴起期（2000 年以来）。

第一，生态意识的唤醒。20 世纪 60 年代是人类生态意识被唤醒的时代，也是绿色建筑概念的孕育期。1969 年，美籍意大利建筑师鲍罗 • 索勒里（Paolo Soleri）首次将生态与建筑两个独立概念综合在一起，提出了“生态建筑”的理念，使人们对建筑的本质又有了新的认识，建筑领域的生态意识从此被唤醒。

第二，绿色建筑概念的形成和发展。1970～1990 年，绿色建筑概念逐步形成，其内涵和外延不断丰富，绿色建筑理论和实践逐步深入和发展，这是绿色建筑概念的形成和发展期。

1990 年，英国的建筑研究所（Building Research Establishment，简称 BRE）率先制定了世界上第一个绿色建筑评估体系“建筑研究所环境评估法”（Building Research Establishment Environmental Assessment Method，简称 BREEAM）。

1992 年，在巴西的里约热内卢召开的联合国环境与发展大会上，国际社会广泛接受了“可持续发展”的概念，即“既满足当代人的需要，又不对后代人满足其需要的能力构成危害的发展”，并首次提出绿色建筑概念。

1993 年，美国国家公园出版社出版了《可持续发展设计指导原则》一书，书中提出了尊重基地生态系统和文化脉络，结合功能需要，采用简单的适用技术，针对当地气候采用被动式能源策略，尽可能使用可更新的地方建筑材料等 9 项“可持续建筑设计原则”。

1993 年 6 月，国际建筑师协会第十九次代表大会通过了《芝加哥宣言》，宣言中提出保持和恢复生物多样性，资源消耗最小化，降低大气、土壤和水的污染，使建筑物卫生、安全、舒适以及提高环境意识等原则。

1995 年，美国绿色建筑委员会提出了 LEED。

1999 年 11 月，世界绿色建筑协会在美国成立。

第三，世界范围内的蓬勃兴起。进入 21 世纪后，绿色建筑的内涵和外延更加丰富，绿色建筑理论和实践进一步深入和发展，日益受到各国的重视，形成了一定体系的设计方法及评估方法，各种新技术、新材料层出不穷，并向着深层次应用方向发展。

①英国。在英国有很多来自政府和其他组织的机制，在新建建筑和既有建筑高能效和温室气体排放的科技研究和革新方面都取得了显著的成果，例如太阳能光电系统、日光照明技术、低碳建筑施工技术、计算机模拟与设计、玻璃技术、地源热泵制冷技术等。

②奥地利。奥地利目前在很多示范项目中大量应用了降低资源消耗和减少投资成本的技术，有约 24%的能源由可再生能源提供，在国际上是发展较好的国家。

③澳大利亚。近年来，澳大利亚针对商业办公楼的绿色建筑评估工具也发展很快，其绿色建筑委员会的评估系统“绿色之星”，已被誉为新一代的国际绿色建筑评估工具。

④德国。在德国，拥有公共绿地和具有环境友好型的建筑被大力发展，目前德国是欧洲太阳能利用最好的国家之一。在基础设施方面，德国非常注重种植屋面、多孔渗水路面、各种排水设施、露天花园等低污染、低环境影响的基

础设施的利用。

⑤瑞典。瑞典充分利用太阳能、风能、水力作为能源生产的基础，其最大的太阳能应用项目就是将生物沼气和太阳能结合提供能量。为了保证环境和建筑的可持续发展，瑞典议会制定了 14 项用以描述环境、自然和文化资源可持续发展的目标。

⑥加拿大。加拿大近年来在推进设备能效标准和建筑能源法示范方面做了很多工作。设备能效标准通过能效指导标签给出设备在一般情况下使用的能效情况。

⑦美国。美国联邦政府已经颁布了很多绿色建筑政策，并已取得了显著成效。事务管理处和预算审计处鼓励人们在进行新建筑设计以及建筑改造中结合能源之星或 LEED 的方法开展工作。

另外，绿色建筑评估体系逐渐完善。继 20 世纪 90 年代的英国、美国、加拿大之后，进入 21 世纪，日本、德国、澳大利亚、挪威、法国等相继推出了适合于其地域特点的绿色建筑评估体系。至 2010 年，全球的绿色建筑评估体系已达 20 多个。而且，逐渐有国家和地区将绿色建筑标准作为强制性规定。在美国，2007 年 10 月 1 日，洛杉矶西好莱坞卫星城出台了美国第一个强制性的绿色建筑法令，给出了该城的绿色建筑标准，规定新建建筑、改建建筑都应该达到最低绿色标准。波特兰市要求城区内所有新建建筑都要达到 LEED 评价标准中的认证级要求，纽约政府要求建筑面积大于 7 500 ft^2（约 700 m^2）的新建建筑都符合 LEED 标准。目前美国已有 10 个城市采用了基于 LEED 要求的法规，还有几十个城市已设定了自己的绿色标准。另外，有 17 个城市通过关于绿色建筑的决议案，还有 14 个城市通过相关行政命令。

再者，绿色建筑经典工程不断涌现。例如，德国凯塞尔的可持续建筑中心在设计上考虑了大量的建筑节能设计手段，包括混合通风系统、辐射采暖、辐射供冷和地源热泵等；日本的大阪酒井燃气大厦采用了多种节能措施，在提供有效的建筑功能和舒适的室内环境的情况下，达到节约能源的目的；希腊的德尔斐考古博物馆是一个改建项目，在围护结构、建筑能源管理系统、夜间通风、混合通风、日光照明等方面节能效果显著；葡萄牙里斯本的21世纪太阳能建筑也是绿色建筑的杰作，采用了被动式采暖、被动式供冷、光伏建筑一体化系统和地热能利用技术等。

二、国内绿色建筑的发展

绿色建筑中绿色要素在中国的发展同样可以追溯到古代。中国古代建筑文化独树一帜，它既是中国古代文化的重要载体，又是中国古代文化的艺术结晶。在中国古代建筑文化中，既有一些建筑的绿色观念，又有丰富的绿色建造经验。

我国传统民居大部分是绿色的，如生土民居的大部分建筑材料是可以循环使用的，旧房的墙土不仅对环境无害，而且是很好的肥料，对生态环境有益。典型的为了适应环境而营造的具有地方特色的建筑类型如下：黄土高原的窑洞建筑，新疆地区的“阿以旺”式民居，川西的邛笼式建筑，福建西南山区的土楼建筑等。

1973年，在联合国人类环境会议的影响下，我国首部环保法规性文件《关于保护和改善环境的若干规定（试行草案）》由国务院颁布执行。

20世纪80年代以后，我国开始提倡建筑节能，但有关绿色建筑的系统研究还处于初始阶段，许多相关的技术研究领域还是空白。

2001年5月，建设部住宅产业化促进中心研究和编制了《绿色生态住宅小区建设要点与技术导则》，提出以科技为先导，总体目标是推进住宅生态环境建设及提高住宅产业化水平；并以住宅小区为载体，全面提高住宅小区节能、节水、节地水平，控制总体治污，带动绿色产业发展，实现社会、经济、环境效益的统一。

2011年，我国绿色建筑评价标识项目数量得到了大幅度的增长，绿色建筑技术水平不断提高，呈现出良性发展的态势。《2013～2017 年中国绿色建筑行业发展模式与投资预测分析报告》显示，直到 2011 年底，我国取得绿色建筑标志的项目达 353 项，共计 2 647 栋建筑，3 488 万 m^2，其中设计标识项目 330 项，建筑面积为 3 272 万 m^2；运行标识项目 23 项，建筑面积为 216 万 m^2。

2012 年 4 月 27 日，财政部与住房和城乡建设部联合颁布《关于加快推动我国绿色建筑发展的实施意见》（财建〔2012〕167 号），对高星级绿色建筑给予财政奖励。对二星级及以上的绿色建筑给予奖励；二星级绿色建筑 45 元/m^2，三星级绿色建筑 80 元/m^2。

2012 年 11 月 8 日召开的中国共产党第十八次全国代表大会报告中提到，大力推进生态文明建设。生态文明建设是关系人民福祉、关乎民族未来的长远大计。面对资源约束趋紧、环境污染严重、生态系统退化的严峻形势，必须树立尊重自然、顺应自然、保护自然的生态文明理念，把生态文明建设放在突出地位，融入经济建设、政治建设、文化建设、社会建设各方面和全过程，努力建设美丽中国。坚持节约资源和保护环境的基本国策，坚持节约优先、保护优先、自然恢复为主的方针，着力推进绿色发展、循环发展、低碳发展，形成节约资源和保护环境的空间格局、产业结构、生产方式、生活方式，为人民创造良好的生产生活环境，为全球生态安全作出贡献。

2013 年 1 月 1 日，国务院发布了《国务院办公厅关于转发发展改革委住房城乡建设部绿色建筑行动方案的通知》。《绿色建筑行动方案》提出到 2015 年末，20%的城镇新建建筑达到绿色建筑标准要求。同时，还对“十二五”期间绿色建筑的方案、政策支持等予以明确。《绿色建筑行动方案》要求，政府投资的国家机关、学校、医院、博物馆、科技馆、体育馆等建筑，直辖市、计划单列市及省会城市的保障性住房，以及单体建筑面积超过 2 万平方米的机场、车站、宾馆、饭店、商场、写字楼等大型公共建筑，自 2014 年起全面执行绿色建筑标准。

2019 年 8 月 1 日，住房和城乡建设部发布新的《绿色建筑评价标准》，自发布之日起实施。新评价标准的颁布对我国绿色建筑的发展起到了巨大的推动作用。

近年来，中国绿色建筑应用实践不断取得新进展，一批优秀的建筑实例得以涌现，均取得了较好的社会经济效益。

第三节　绿色建筑节能评估体系

一、绿色建筑节能评估体系的含义

绿色建筑评估体系（也称为评估方法）是为量化和保证建筑的环境绩效而设计的。环境绩效是指一系列的标准的执行效果如何，其中包括能源及水资源使用、与邻里社区融合、对选址地的生态促进、环境友好材料的使用、投入使用后对减少交通运输和建筑内外污染物的效果。

大多数评估方法对于绿色建筑的认定遵循一个类似的模式。将建筑物的范围向外延伸至可达到环境绩效评价的标准范围，针对建筑的功能和位置来选取最适合的评估方法（建筑并不需要达到所有的标准）。建筑每达到一个标准，就可以累积相应的分数（不同评估系统的分数不同），当一栋建筑达到了某评估系统的临界分值，该建筑即被认定为绿色建筑。

大多数评估体系都设有不同的分级系统，用以确认绿色建筑的等级。例如美国 LEED 认证系统的认证级别，包括银级认证、金级认证及白金级认证，相当于英国建筑研究所环境评估方法的良好、优良、优秀及杰出认证。澳大利亚、新西兰及南非所应用的绿色之星分级系统，用星级来评价建筑物达到的等级（例如六星中达到四星），阿布扎比的珍珠建筑评估体系则使用珍珠来进行评价（例如五颗珍珠中达到三颗）。

这些评估体系都有相同的策略，即用不同的方式来评价建筑达到的级别并进行认证。一些评估体系是由与项目有关的专家来进行审核，另外也有体系是雇佣独立第三方来进行评价，其他的体系则可能进行自我评估。专家审核和第三方评价的方式，要求评估方出具系统的文件证明项目在一定的期限内均能达到评估体系中的标准。相对于自我评估，这两种评估方式更具有可信度。

设计评估体系的目的是对一栋建筑生命周期中的特定阶段进行评价，比如设计阶段、建造或者翻新阶段以及运营阶段。一个评估体系可以评价其中任意或者全部阶段。拥有这个阶段的认证后，该建筑就被允许作为绿色建筑推入市场，介绍给潜在的客户。绝大部分的评价体系主要还是针对建筑建设或者重要的翻修完成后的评估。

自 2005 年起，不断推行中的关于建筑运营的环境绩效有了来自政府和行业的国际性推动。对一栋在运营阶段的建筑进行认证时，不论该建筑是不是按照设计进行使用，其实际的环境影响必须与其正在进行的使用方式有关。这种方法同样也适用于老旧的、现存的建筑，例如能源与环境设计认证中现存的建筑评价方法和维护评价系统。

在建设的各个阶段，不同阶段的指示方式可能会有一定的偏差，都要尽可能地进行标准量化。例如在设计阶段，可以对项目设计中承诺的建筑垃圾回收和再利用的文件或其他一些文件进行评估；建筑阶段的评估则要着眼于实际的建筑垃圾回收或再利用量；建筑运行期间的评估则要衡量在实际运行期间有多少垃圾被回收并在建筑物内循环使用。

评估体系可以通过设置绩效基准，在给定的市场内推出一个标准——建筑必须是环境友好的，从而改变建筑行业。然后在此基础上，通过识别和奖励环境先导者来建立评估体系，使消费者提高对绿色建筑的好处的认识，刺激绿色竞争。

二、建立绿色建筑节能评估体系的必要性

绿色节能建筑对社会进步、环境保护以及人类生活水平的提高等方面均有重要意义，人们对绿色建筑的理解也经历了一个认识不断深化的过程，从早期注重建筑的环保性与节能性，到逐步认识到舒适与健康的价值。进入20世纪90年代，人们逐渐意识到绿色建筑技术已经无法再以单项开发、简单叠加的手段继续发展下去。发展绿色建筑也从注重技术层面的讨论向全方位透视和多学科研究转变。

绿色建筑在实践领域的实施和推广有赖于建立明确的绿色建筑评估系统，一套清晰的绿色建筑评估系统使绿色建筑概念得以具体化，使绿色建筑脱离空中楼阁真正走入实践，以及对人们真正理解绿色建筑的内涵，都起着极其重要的作用。对绿色建筑进行评估，还可以在市场范围内为其提供一定规范和标准，识别虚假炒作的绿色建筑，鼓励发展优秀绿色建筑，达到规范建筑市场的目的。

（一）技术意义

早期的绿色建筑研究以单项技术层面问题的研究为主，技术手段是孤立和片面的，没有形成有机整体，对设计与经济进行整合研究的意识还没有脱离经济分析，只是策略研究附属的认识阶段。但早期的单项技术研究成果为当代绿色建筑技术的多维度发展和系统整合奠定了坚实的基础。进入20世纪90年代以来，随着对绿色建筑认识的逐步深化和成熟，人们放弃了过于乌托邦的环保思想和仅靠道德约束和自觉性的自发环保行为，转而探索更具有可操作性的环保理念，环境与资本的结合成为未来世界环境保护事业发展的新方向，绿色建筑由此也进入一个从提倡生态伦理向生态实践研究深化的新阶段。绿色建筑技术的研究逐渐呈现自然科学、社会科学、人文科学、计算机科学、信息科学等多学科研究成果融合的趋势，这使得绿色建筑设计策略研究进入多维发展阶段。绿色建筑技术策略的深化与发展在材料、设备、形态学等不同领域展开。

在技术发展的同时，技术与其他设计元素的整合也开始从过去的简单叠加、更多关注外围护结构本身的设计向注重技术与建筑整体系统有机结合转变，逐渐形成绿色建筑体系。绿色建筑评价体系的建立是绿色建筑技术逐步完善和系统化的必然结果，它为绿色建筑技术的有机整合搭建了平台，使绿色建筑技术、信息技术、计算机技术等诸多学科能够在统一的平台上发挥各自的作用，建立综合评价系统，为设计师、规划师、工程师和管理人员提供了比以往任何时候都更加简便易行、规章明确的绿色建筑评价工具和设计指南。

（二）社会意义

绿色建筑评价体系的社会意义主要体现在提倡健康生活方式、增强公众参与意识、延续地方文化和为管理者提供考核的方法四个方面。

1.提倡健康生活方式

绿色建筑评价体系的首要社会意义是倡导健康的生活方式，这是基于将绿色建筑的设计与建造看成是社会教育的过程。绿色建筑评价体系的原则是在有效利用资源和遵循生态规律的基础上，创造健康的建筑空间并保持可持续发展。这一概念纠正了人们以往的消费型生活方式的错误观念，指出不能一味地追求物质上的奢侈享受，而应在保持环境的可持续利用的前提下适度追求生活的舒适。从根本而言，建筑是为满足人的需要而建造起来的物质产品。当人们的文化意识与生活方式并非那么可持续时，绿色建筑本身的价值也会降低，而只有产生切实的社会需要，与可持续发展要求的生活方式相匹配的绿色建筑才能发挥最佳效果。

2.增强公众参与意识

绿色建筑评估体系不是为设计人员所垄断的专业工具，而是为规划师、设计师、工程师、管理者、开发商、业主、市民等所共同拥有的评价工具。它的开发打破了以往专业人员的垄断局面，积极鼓励市民等公众人员的参与。通过公众参与，引入建筑师与其他建筑使用者、建造者的对话机制，使得原本由建筑师主持的单一设计过程变得更为开放。事实证明多方意见的参与有助于创造具有活力和良好文化氛围、体现社会公正的社区。

3.延续地方文化

绿色建筑评估体系要求依据因地制宜的原则，结合建筑物所在地域的气候、资源、经济、文化等特点对建筑进行评价。因此，优秀的绿色建筑总是烙上了深深的地方特色印记，是地方文化在建筑上的延续。

4.为管理者提供考核的方法

近年来“绿色”“生态”已经成为建筑业的高频词汇，各地冠以“绿色”美名的工程项目比比皆是，如何判断这些项目的真正生态内涵、规范建筑市场、对公众和消费者负责，是摆在建筑业管理者面前的一大问题。绿色建筑评估体系正是在这种条件下为决策者建立了一种认证机制，提供了一种有效的手段以提高建筑业管理者对建筑可持续发展的管理水平。通过建筑环境质量管理工具以及实实在在的数据测试和性能考核，用分级方式显示建筑的绿色水平，给予其明确的质量认证，可以有效杜绝打着生态旗号的假绿色建筑的存在，有助于提高对建筑市场的管理水平。

（三）经济意义

绿色建筑评价体系的经济意义可以分为宏观与微观两个层面。在宏观层面，绿色建筑评价体系从系统全寿命的角度出发，将绿色建筑设计所涉及的经济问题整合到从建材生产、设计、施工、运行、资源利用、垃圾处理、拆除，直至自然资源再循环的整个过程。关于绿色建筑的经济考量不再局限于设计过程本身，而将策略扩展至对狭义的设计起到支持作用的政策层面，包括建立“绿色标签”制度，完善建筑环境审核和管理体系，加大与建筑相关的能源消耗、污染物排放等行为的纳税力度，健全环保法规体系等，从增加政府对可持续性建筑项目的经济扶持和提高以污染环境为代价的建设行为成本这两个方面，为绿色建筑设计与建造创造良好的外部环境。这一目标的实现不完全是政府机构的责任，作为从事设计工作的建筑师同样对于制度的健全负有提出建议的义务，因为只有来自实践的需要才是最为真实与迫切的。将相关的政策问题纳入绿色建筑设计策略中，成为系统解决建筑所面临的经济问题的重要方面。

在微观层面，目前从经济角度出发的设计策略都更充分考虑项目的经济运作方式，并据此对具体的技术策略进行调整。绿色建筑评价体系由于提供了完善的指标内容，可以在建筑设计阶段作为设计的框架，整合考虑与场地选择及设计、建筑设计、建造过程以及建筑运行与维护的诸多问题，指导和贯穿整个项目的绿色设计过程。这些指标比一般的建筑规范从更明确的环境角度确立了标准和目标，建筑师在设计决策阶段就能迅速了解如何采用某一项措施使得建筑环境受益，如可以从中了解如何在传统使用方法的能源利用率上进行一定程度的改善、项目中使用可再生能源策略和设备的比例、敏感地段的设计要求、室内环境质量的设计标准以及资源节约和循环利用的标准等，并根据项目的特点和实际，选择合适的方面进行绿色设计。

（四）环境意义

绿色建筑评价体系的理论基础是可持续发展的理念，因此无论各个国家的评价体系在结构上有多大差异，它们都有一个共同点：减小生态环境负荷，提高建筑环境质量，为后代发展留有余地。因此可以说，发展绿色建筑评价体系，对于当代人而言更多的是责任和义务；而对于后代人而言更多的是利益和实惠。

三、国外绿色建筑节能的评估体系

围绕推广绿色建筑的目标，国外近年来发展了一些绿色建筑评价预测体系，并通过相应的标准和模拟软件进行评价。如英国的 BREEM 评估体系、加拿大的 GBTool 评估体系、美国的 LEED 评估体系、澳大利亚的 NABERS 评估体系、荷兰的 GreenCalc＋评估体系、德国的生态建筑导则 LNBDGNB 评估体系、英国的 BREEM 评估体系、澳大利亚的建筑环境评价体系 NABERS、加拿大的 GBTool、挪威的 EcoProfile、法国的 ESCALE 等日本的 CASBEE 评估体系等。

这些评估体系，基本上都涵盖了绿色建筑的三大主题，即减少对地球资源与环境的负荷和影响，创造健康、舒适的生活环境，与周围自然环境相融合，并制定了定量的评分体系，尽可能通过模拟预测评价内容的方法得到定量指标，再根据定量指标进行分级评分。

（一）英国的 BREEAM 评估体系

1.BREEAM 的发展历程

英国的建筑研究组织自 1988 年开始研发本国的建筑环境评估体系。《建筑研究组织环境评价法》（BREEAM），是由英国“建筑研究组织”和一些私人部门的研究者于 1990 年制定的。颁布 BREEAM 的最初目的是提高办公建筑的使用功能，为绿色建筑实践提供权威性指导，以减少建筑对全球和地区环境的负面影响。这是世界上第一个绿色建筑评估体系，为其他国家类似的评价体系提供了借鉴基础。

2.BREEAM 的评估方法

BREEAM 系统的基础是根据环境性能评分授予建筑绿色认证的制度，认证评估可以用于单体建筑，也可作为某一建筑群综合的环境评估。评估必须由 BRE 指定受过专门训练的独立评估员执行，BRE 负责确立评估标准和方法，为评估过程提供质量保证。认证体系授予绿色建筑标志，使得建筑所有者和使用者对建筑的环境特性有了直观认识。

为了易于被理解和接受，BREEAM 采用了透明、开放和简单的评估架构。所有的“评估条款”分别归类于不同的环境表现类别，包括建筑对全球、区域、场地和室内环境的影响；被评估的建筑如满足或达到某一评估标准的要求，就会获得一定的分数，所有分数累加得到最后的分数，BREEAM 给予其“合格、良好、优良、优异”4 个级别的评定，最后由 BRE 授予被评估建筑正式的“评定资格”。

首先，评估的内容包括建筑核心性能、设计建造和管理运行。其中处于设计阶段、新建成阶段和翻修建成阶段的建筑，从建筑核心性能、设计建造两方面评价，计算 BREEAM 等级和环境性能指数；属于被使用的现有建筑或是属于正在被评估的环境管理项目的一部分，从建筑核心性能、管理和运行两个方面评价，计算 BREEAM 等级和环境性能指数；属于闲置的现有建筑或只需对结构和相关服务设施进行检查的建筑，对建筑核心性能进行评价并计算环境性能指数，无需计算 BREEAM 等级。

其次，评估条目包括九大方面：①管理（总体的政策和规程）；②健康和舒适（室内和室外环境）；③能源（能耗和二氧化碳排放）；④运输（有关场地规划和运输时二氧化碳的排放）；⑤水（能耗和渗漏问题）；⑥原材料（原料选择及对环境的作用）；⑦土地使用（绿地和褐地使用）；⑧地区生态（场地的生态价值）；⑨污染（除二氧化碳外的空气污染和水污染）。每一条目下分若干子条目，各对应不同的得分点，分别从建筑性能、设计与建造、管理与运行等方面对建筑进行评价，满足要求即可得到相应的分数。

再次，合计建筑核心性能方面的得分点，得出建筑核心性能分，合计设计与建造、管理与运行两大项各自的总分，根据建筑项目所出时间段的不同，计算建筑核心性能分＋设计与建造分或建筑核心性能分＋管理与运行分，得出 BREEAM 等级的总分。另外，由建筑核心性能分值根据换算表换算出建筑的环境性能指数。

最后，建筑的环境性能以直观的量化分数给出。根据分值，BRE 规定有关 BREEAM 评估结果的四个等级：合格、良好、优良、优异；同时规定了每个等级下设计与建造、管理与运行的最低限分值。

（二）加拿大的 GBTool 评估体系

1.GBTool 的发展历程

绿色建筑挑战（Green Building Challenge，简称 GBC）由加拿大在 1996 年发起，当时有美国、英国、法国等 14 个国家参加。在两年间，各参与国通过对多达 35 个项目进行研究和广泛交流，最终确立了一套合理评价建筑物能量及环境特性的方法体系——绿色建筑工具（green building tool，简称 GBTool）。1998 年 10 月，在加拿大的温哥华召开了 14 国参加的绿色建筑国际会议——“绿色建筑挑战 98”，会议的中心议题是建立一个国际化绿色建筑评价体系，这一体系可以适应不同的国家和地区各自的技术水平和建筑文化传统。继绿色建筑国际会议的成功召开之后，各国又开展了新一轮利用 GBTool 针对典型建筑物的环境特性进行评价的工作。2000 年 10 月，在荷兰的马斯特里赫特召开了“可持续建筑 2000”国际会议，各参与国在两年的时间里利用 GBTool 对各种典型建筑进行测试，并将其结果作为改进的建议在这次大会上提交，对 GBTool 进行了版本更新。绿色建筑挑战的目的是发展一套统一的性能参数指标，建立全球化的绿色建筑性能评价标准和认证系统，使有用的建筑性能信息可以在国家之间交换，最终使不同地区和国家之间的绿色建筑实例具有可比性。在经济全球化趋势日益显著的今天，这项工作具有深远的意义。

2.GBTool 的评估方法

GBTool 对建筑的评定内容包括从各项具体标准到建筑总体性能，其环境性能评价框架分成 4 个标准层次，从高到低依次为：环境性能问题、环境性能问题分类、环境性能标准、环境性能子标准。最新版的 GBTool 主要从七大部分环境性能问题入手评价建筑的绿色程度：资源消耗、环境负荷、室内环境质量、服务质量、经济性、使用前管理和社区交通。所有评价的性能标准和子标准的评价等级被设定为从-2 分到 + 5 分，评分系统中的评分标准相应地也包括了从具体标准到总体性能的范围。通过制定一套百分比的加权系统，各个较低层系的分值分别乘以各自的权重百分数，而后相加，得出的和便是高一级标准层系的得分值。对于被评定的建筑可由分值说明其达标程度。其中，5分代表高于当前建筑实践标准要求的建筑环境性能；1～4 分代表中间不同水平的建筑性能表现；0分是基准指标，是在本地区内可接受的最低要求的建筑性能表现，通常是由当地规范和标准规定的；-2分是不合要求的建筑性能表现。

（三）美国的LEED评估体系

1.LEED的发展历程

1994年，美国绿色建筑委员会着手研究美国的建筑环境评估体系。在1995年提出了一套能源及环境设计先导计划LEED，最初版本是LEED 1.0，颁布于1998年。这是美国绿色建筑委员会为满足美国建筑市场对绿色建筑评定的要求、提高建筑环境和经济特性制定的评估标准。到了2000年，更高级的版本LEED 2.0获准执行。2009年，LEED又推出了最新版本LEED 3.0。

除了上述主要版本，LEED体系还有一些地方性版本，例如波特兰LEED体系、西雅图LEED体系、加利福尼亚LEED体系等，这些地方性版本均做了适应当地实际情况的调整。

2.LEED的评估方法

LEED 3.0版本主要对各种建筑项目进行6个方面的评估，分别为：可持续的场地设计、有效利用水资源、能源与环境、材料与资源、室内环境质量和革新设计。而且在每个方面，美国绿色建筑委员会都提出了建筑目的和相关技术支持。如对可持续的场地设计，基本要求包括必须对建筑腐蚀物和沉淀物进行控制，目的在于减少这些腐蚀物及沉淀物对建筑本体及周边环境的负面影响。并且进行了量化标准，比如在每个方面都设置若干个得分点，将其主要分布在建筑目的、要求和相关技术支持3项内容中，建筑项目再与每个得分点相匹配，得出相应的分值。如在保证建筑节能和大气这一方面，就包括基本建筑系统运行、能源最低特性及消除暖通空调设备使用氟利昂等3个必要项和优化能源特性、再生资源利用等6个得分点，要保证建筑的绿色特性，首先必须满足 3 个必要项，然后再在诸个得分点中进行评定。如满足优化能源特性相关要求则可得 10 分，最后统计得出相关建筑项目的总分值，从而使建筑的绿色特性通过量化的分值显现出来。

其中，合理的建筑选址约占总评分的 20%，有效利用水资源占 8%，能源与环境占 25%，材料和资源占 25%，室内环境质量占 22%。根据最后得分的高低，建筑项目可分为 LEED 认证通过、银奖认证、金奖认证、白金认证由低到高 4 个等级。

LEED 3.0 版本、LEED NC 2.2，在 2005 年 11 月 15 日以后注册的 LEED EB 2.0 版本、2006 年 1 月 1 日以后注册的 LEED CI 2.0 和 LEED CS 2.0 必须使用在线的方式提交认证资料。首先，在 USGBC 的网站进行项目注册，注册后，各个 LEED 团队成员可以进入 LEED-online 提交和查看：提交相应的 LEED 样板信件，查看美国绿色建筑委员会的审查评论和结论，如得分状况、项目简介、团队成员介绍、文件上传、得分解释与规则等，上传的文件应包括场地平面图、标准层平面图、标准层立面图、标准层剖面图和项目效果图等。LEED 的审查有两种方式：一是分阶段审查，首先提交设计阶段的 LEED 相关资料进行审查，然后在施工阶段结束后，提交施工阶段的 LEED 相关资料进行审查；二是所有资料一起提交审查。在 25 个工作日内，美国绿色建筑委员会将会告知所提交的 LEED 样板信件和其他支持文件是否可行或暂时不能决定，委员会将选择五六个必备条款和得分点作为审查项目。另外，项目成员在 25 个工作日内可提供更正或额外的支持文件供审查。美国绿色建筑委员会将在随后的 15 个工作日内做出最终审查结果。如果有 2 个以上的得分点被否定，则要选取更多的得分点进行第 2 次审查，或进行第 2 次初步审查。

LEED 推出后在北美地区的影响很大，目前世界上已有几百座建筑通过了 LEED 的等级认证。《中国生态住宅技术评估手册》也是参考 LEED 的结构编写的。整个 LEED 评估体系的设计力求覆盖范围广，同时实施非常简单易行。这也是其获得美国市场，乃至国际社会认可的主要原因之一。

（四）澳大利亚的NABERS评估体系

1.NABERS的发展历程

澳大利亚国家建筑环境评价系统（National Australian Built Environment Rating System，简称NABERS）是适应澳大利亚国情的绿色建筑评价系统，其长远目标是减少建筑运营对自然环境的负面影响，鼓励建筑环境性能的提高。NABERS的设计与开发始于2001年4月，在澳大利亚环境与资源部的支持下，由多个大学和企业合作研发。

NABERS由澳大利亚新南威尔士州环境与气候变化署负责管理运行，受NABERS全国指导委员会监督。全国指导委员会由联邦和州政府部门代表组成。由获得NABERS评估资格的注册评估师具体承担项目评估。

2.NABERS的评估方法

NABERS的评估对象为已使用的办公建筑和住宅，是对建筑实际运行性能进行评价的系统，它提供四套独立的评估分册。办公建筑基础性能评估用于评价办公建筑的运行环境性能，不考虑用户的责任与行为。办公建筑用户反应评估在不考虑建筑运行性能的情况下，单纯对用户的环境意识与行为进行评估。住宅评估用于对单户住宅的设备、占地等情况进行综合评估，目前版面未包括对集合住宅的评估。

NABERS力求衡量建筑运营阶段的全面环境影响，包括温室效应影响、场址管理、水资源消耗与处理、住户影响四大环境类别，具体涉及能源、制冷剂、水资源、雨水排放与污染、污水排放、景观多样性、交通、室内空气质量、住户满意度、垃圾处理与材料选择等条款，分属于温室效应、水资源、场地管理、用户影响四大类别。

NABERS既没有采用权重体系，也不推荐使用模拟数据。其评价采用实测、用户调查等手段，以事实说话，力图反映建筑实际的环境性能，避免主观判断引起的偏差。

NABERS采取了反馈调查报告的形式，以一系列由业主和使用者可以回答的问题作为评价条款，因此不需要培训和配备专门的评价人员。这些问题包括两部分：一部分是关于建筑本身的，被称为“建筑等级”；另一部分是关于建筑使用的，被称为“使用等级”。

在NABERS 2001版中，NABERS借鉴AVGRS，采用了“星级”这个人们已经十分熟悉的评价概念。其评价结构由分类条款嵌套一系列子条款构成。每个子条款可以评为0～5星级，最后的星级由子条款平均后获得。但在2003版中，NABERS改为评分的方式并将各条款单独评分合并为一个单一的最后结果，用10分制表示：5分代表平均水平，10分代表难以达到的最高水平。

（五）荷兰的GreenCalc＋评估体系

1.GreenCalc＋的发展历程

在荷兰，目前比较著名的绿色建筑评价工具有三个：由荷兰皇家技术研究院于2001年开发的Ecoscan；由W/E可持续建筑咨询事务所开发的Eco-Quantum；由数家公司合作开发的GreenCalc＋。

GreenCalc＋的开发需求来自市场，并于1997年在荷兰住房、空间发展与环境部公共建筑管理局的推动下启动，参与者包括荷兰可持续发展基金会、DGMR工程咨询公司、荷兰建筑生态材料研究所等。GreenCalc＋是针对城市规划、住宅、办公楼以及其他类型的公共建筑而开发的。

GreenCalc＋是用于绿色建筑的环境负荷评价的软件包，它既可用于分析单体建筑，也可用于对整个小区的分析。GreenCalc＋可用于对单体建筑进行绿色建筑评估、对不同建筑进行对比、对小区进行绿色建筑评估、对不同的小区规划进行对比分析、对建筑部分或者某些产品的环境负荷进行比较、评估开发商的绿色建筑的预期指标等。

2.GreenCalc＋的评估方法

为了获得所设计的建筑的绿色程度及其环境友好度，GreenCalc＋引入了一个环境指数。环境指数给出了所研究的建筑与参考建筑（该参考建筑的环境指数为100）相比绿色度改善或者退步的程度。

GreenCalc＋包括四个模块：材料、能源、水和通勤交通。其中，建筑材料是通过 TWIN2002 评估模型来计算的，该模型中忽略了影响健康部分的估算。能源利用造成的环境费用是通过正式的能源评估规范标准来计算的，计算结果直接换算为燃气消耗或者电能消耗。水资源消耗的计算是基于咨询公司 OPMAAT 和 BOOM 联合编写的相关用水规范而实现的。通勤交通的环境因素是根据建筑的所在位置以及其易到达性的模型进行计算的，汽车或者公共交通所需消耗的燃料费用计入了环境费用中。

GreenCalc＋对材料、能源、水和交通方面的环境因素可从建筑的完整生命周期来评估，从原材料到变成垃圾的各个阶段的环境效果都加以全生命周期分析。各种环境破坏因素（如排放、损耗等）都完全换算到隐藏的环境费用上，全部隐藏的环境费用接着换算为总的数值。这个总的环境费用将作为建筑在整个生命周期中的“负债”。GreenCalc＋假定了技术上的生命周期（住宅和学校为 75 年，办公楼为 35 年）而不是经济上或者功能上的使用周期（就如房产开发计算的方式）。这种假定的背景是从绿色建筑可持续的角度出发，希望建筑本身尽可能长时间使用，既有建筑的长时间使用意味着对新建筑较少的需求。当建筑被拆除时，如果从技术的角度还可以使用，那么意味着环境资产的完全损失。这个损失可以通过 GreenCalc＋明确地计算出来。

用户也可以指定一个参考建筑，GreenCalc＋计算需分析的建筑的环境因子，然后给出与参考建筑相比的进步或者缺陷。

2006 年底，GreenCalc＋已被荷兰政府公共建筑管理局作为行政法规用来要求所有该局管理的新建筑都必须采用该软件进行评估。其他市场领域包括银行业、共同基金、建筑师和建造商等；该软件也被应用于建筑设计与建造的各个阶段以监控是否符合计划要求，并被应用于建造完成后的基准中，考核建筑是否满足设计的环境因子的要求。

（六）德国的 DGNB 评估体系

1.DGNB 的发展历程

作为生态节能建筑和被动式设计发展最早的欧洲国家，德国早先却没有推出类似英国或美国的可持续建筑评估标准。之所以如此，源于德国人对自己现有工业标准的自信。自工业革命以来，德国已建立一套相当完善、要求很高的工业标准体系，并且在可持续建筑研究和实践领域已有多年经验，技术也相对成熟。在德国人看来，即便是满足了现有的 LEED 认证的要求，也未必能够达到他们已有的工业标准。所以，在很长一段时间，德国似乎忽视了这样一套评估体系的市场价值和重要性。

2006 年起，德国政府着手组织相关的机构和专家对绿色建筑评估体系进行研究，经过大量的分析调查和研究工作，德国在 2008 年正式推出了自己的绿色建筑评估体系（Deutsche Gütesiegel für Nachhaltiges Bauen，简称 DGNB），在产生背景和基础方面，DGNB 具有以下特点：

①德国 DGNB 体系是世界先进绿色环保理念与德国高水平工业技术和产品质量体系相结合的产物。作为欧洲工业化程度最高的国家，德国的工业技术水平和产品质量体系经过多年发展和实践已具备一套相当高的标准，DGNB 则被构筑在现有工业化标准体系之上。

②德国 DGNB 体系是由政府参与的德国可持续建筑评估体系，该认证体系由德国交通、建设与城市规划部和德国绿色建筑协会共同参与制定，因此具有国家标准性质与很高的科学性和权威性。

③DGNB 体系是德国多年来可持续建筑实践经验的总结与升华。德国在被动式节能建筑设计、微能耗和零能耗建筑探索和实践上，在欧洲乃至世界都位于先进行列，1998 年德国就曾制定颁布了整体可持续发展纲领。在过去的几十年里，德国建筑界在建筑节能领域积累了丰富的实践经验，其中不乏成功的经典案例和失败的惨痛教训，DGNB 的制定正是建立在这些宝贵经验的基础之

上，扬长避短，去粗取精。

2.DGNB 的评估方法

德国可持续建筑 DGNB 认证是一套透明的评估认证体系，它以易于理解和操作的方式定义了建筑质量，便于评估人员系统、独立地评价建筑性能。体系中可持续建筑相关领域评估标准主要从 6 个领域进行定义，见表 1-1。

表 1-1　DGNB 评价系统内容

评价项目	具体内容	评价项目	具体内容
生态质量	全球温室效应的影响； 臭氧层消耗量； 臭氧形成量； 环境酸化形成潜势； 化肥成分在环境含量中过量对当地环境的影响； 其他小环境气候因素对全球环境的影响； 一次性能源的需求； 可再生能源所占比重， 水需求和废水处理； 土地使用。	社会文化及功能质量	冬季的热舒适度； 夏季的凉舒适度； 室内空气质量； 声环境舒适度； 视觉舒适度； 使用者的干预与可调性； 屋面设计； 安全性和故障稳定性； 无障碍设计； 面积使用率； 使用功能可变性与适用性； 公共可达性； 自行车使用舒适性； 通过竞赛保证设计和规划质量； 建筑上的艺术设施。
经济质量	全寿命周期的建筑成本与费用； 第三方使用可能性。	技术质量	建筑防火； 噪声防护； 建筑外维护结构节能及防潮技术质量； 建筑外立面易于清洁与维护； 环境可恢复性，可循环使用，易于拆除。

续表

评价项目	具体内容	评价项目	具体内容
过程质量	项目准备质量； 整合设计； 设计步骤方法的优化和完整性； 在工程招标文件和发标过程中考虑可持续因素及其证明文件； 创造最佳的使用及运营的前提条件； 建筑工地，建设过程； 施工单位的质量，资格预审； 施工质量保证； 系统性的验收调试与投入使用。	基地质量	基地局部环境的风险； 与基地局部环境的关系； 基地及小区的形象及现状条件； 交通状况； 临近的相关市政服务设施； 临近的城市基础设施。

DGNB 体系对每一条标准都给出明确的测量方法和目标值，依据庞大的数据库和计算机软件的支持，评估公式根据建筑已经记录的或者计算出的质量进行评分，每条标准的最高得分为 10 分，每条标准根据其所包含内容的权重系数可评定为 0～3 分，因为每条单独的标准都会作为上一级或者下一级标准使用。根据评估公式计算出质量认证要求的建筑达标度。

评估达标度（分为金、银、铜级）：50%以上为铜级，65%以上为银级，80%以上为金级。

最终的评估结果用软件生成在罗盘状图形上，各项的分支代表了被测建筑该项的性能表现，软件所生成的评估图直观地总结了建筑在各领域及各个标准的达标情况，结论一目了然。

与其他评估体系相比，DGNB 体系最突出的特点在于，它除了涵盖生态保护和经济价值这些基本内容，更提出了社会文化和健康与可持续发展的密切关系。DGNB 体系将社会文化与健康作为建筑性能表现的一部分，不仅体现了绿色环境，更将绿色生活、绿色行为的理念作为衡量建筑可持续性的一个方面，这将有力推动可持续概念向全社会各个领域延伸。

（七）日本的 CASBEE 评估体系

1.CASBEE 的发展历程

日本的建筑物综合环境性能评价体系（Comprehensive Assessment System for Building Environment Efficiency，简称 CASBEE），是由日本国土交通省、日本可持续建筑协会建筑物综合环境评价研究委员会合作，由日本政府、企业、学者组成的联合科研团队于 2002 年开始研发的绿色建筑评价体系。2003 年 7 月该团队开发了用于新建建筑的评价工具，2004 年 7 月又出版了其修订版，同时出版了用于新建建筑物、既有建筑物、短期使用建筑的评价工具和以建筑群为对象的环境评价工具，并规定某些城市在建筑报批申请和竣工时必须使用 CASBEE 进行评价。在开发了用于新建建筑的评价工具后，日本可持续建筑协会还相继开发了用于既有建筑物的评价工具、用于国际博览会设施等短期使用建筑的评价工具、用于改建建筑物的评价工具和用于评价热岛现象缓和对策的评价工具等。

2008 年，CASBEE 又推出了最新版本，包含的内容有所变更，在原有内容的基础上增加了 4 个方面的内容，分别是：CASBEE for New Construction、CASBEE for Home (Detached House)、CASBEE for Urban Development、CASBEE for Urban Area Building。

CASBEE 不仅可用于指导设计师的设计过程，还可为建筑物资产评估中的环境效率确定环境标签等级，为能源服务公司和建筑更新改造活动提供咨询，为建筑行政管理提供方便，从而帮助政府有效地激励和约束业主、开发商、设计师、用户和市民等社会各界人士积极开发与推广绿色建筑。在日本，作为构筑可持续发展社会的 CASBEE 评价体系正在迅速得到普及和发展。

日本的 CASBEE 作为首个由亚洲国家开发的绿色建筑评价体系，是亚洲国家开发适应本国国情的绿色建筑评价体系的一个范例，接近亚洲国家的实际情况，对中国开发适应本土的绿色建筑评价体系有借鉴意义。

2.CASBEE 的评估方法

CASBEE 评价各类型建筑，包括办公楼、商店、宾馆、餐厅、学校、医院、住宅。针对不同阶段和利用者应有 4 个有效的工具，分别是初步设计工具、环境设计工具、环境标签工具、可持续运营和更新工具。

CASBEE 从可持续发展观点出发改进原有环境性能的评价体系，使之更为明快、清晰。CASBEE 提出以用地边界和建筑最高点之间的假想空间作为建筑物环境效率评价的封闭体系。以此假想边界为限的空间是业主、规划人员等建筑相关人员可以控制的空间，而边界之外的空间是公共（非私有）空间，几乎不能控制。CASBEE 需要评价“Q（quality）即建筑的环境品质和性能”和“L（loadings）即建筑的外部环境负荷”两大指标，分别表示“对假想封闭空间内部建筑使用者生活舒适性的改善”和“对假想封闭空间外部公共区域的负面环境影响”。“建筑物的环境品质和性能”包括 Q_1 室内环境、Q_2 服务性能、Q_3 室外环境等评价指标。“建筑的外部环境负荷”包括 L_1 能源、L_2 资源与材料、L_3 建筑用地外环境等评价指标。每个指标又包含若干子指标。

CASBEE 采用 5 级评分制，基准值为水准 3（3 分）；满足最低条件时评为水准 1（1 分），达到一般水准时为水准 3。依照权重系数，各评价指标累加得到 Q 和 L，表示为柱状图、雷达图。最后根据关键性指标——建筑环境效率指标 BEE（Building Environmental Efficiency），给予建筑物评价。将建筑环境效率作为评价建筑物绿色性能的标准，并采用以下公式来确定其大小：BEE = Q/L 可知，当建筑物的环境品质与性能（Q）越大、环境负荷（L）越小时，建筑物环境效率（BEE）越大。

在对各评估细项进行评分后，进行评估计算得到各评估项目的结果，再对其进行加权计算，得到 Q 值及 L 值，将两项相除最终得到评估结果 CASBEE 值。CASBEE 的绿色标签分为 S、A、B＋、B－、C 五级，其中 CASBEE 值<0.5为 C（Poor），0.5～1 为 B－（Fairly Poor），1～1.5 为 B＋（Good），1.5～3 为 A

（Very Good），CASBEE 值> 3为 S（Excellent）。

（八）国外绿色评估体系的特点及给我国的启示

1.国外绿色建筑评估体系的共性

通过比较我们可以看到，国外绿色建筑评估体系有许多共同点：都采用将评估项目具体量化的评分体系，都有各自相对应的评分软件，从开发第一代评估体系以来，都在不断扩大其广度和深度，不断对原有版本进行改进、升级，都将建筑评分、分级与市场机制、政策法规相结合，获得社会各界的支持。

国外绿色建筑评估都是在明确的可持续发展原则指导下进行的，基本都可实现以下目标：①为社会提供一套普遍的标准，指导绿色建筑的决策和选择；②通过标准的建立，可以提高公众的环保产品和环保标准意识，提倡与鼓励好的绿色建筑设计；③刺激并提高了绿色建筑的市场效益，推动其在市场范围的实践。另外，由于评估体系提供了可考核的方法和框架，使得政府制定有关绿色建筑的政策和规范更为方便。通过比较可以看出，各国的评估体系在主要项目上都包括了“场地环境”“能源利用”“水资源利用”“材料资源利用”“室内环境”五项主要内容。各国的评估体系都是明确清晰的分类和组织体系，可以将指导目标（建筑的可持续发展）和评估标准联系起来，而且都有一定数目的包括定性和定量的关键问题可供分析。评估体系中都还包括一定数量的具体指导因素（如对可回收物的收集）或综合性指导因素（如对绿色动力和能源的使用），为评估进程提供更清晰的指示。各国的评估都共同关注：减少二氧化碳排放（从建筑材料生产和回收再利用、节约化石能源消耗量等几个方面进行考虑）；减少（或禁止）可能破坏臭氧层的化学物的使用；减少资源（尤其是能源、水资源、土地资源）的耗用；材料回收和再利用，垃圾的收集和再生利用，污水处理和回用；创造健康舒适的居住环境，重点在室内空气质量、自然通风、自然采光和建筑隔声。各国对评估的进程都有严格的专业要求。评估是由相关部门给予专业认证的评估人执行的，如英国 BREEAM 的评估是由持有

BRE 执照的专业人士进行的，美国 LEED 的评估要求所评估的项目组中至少有一位主要参与人员通过 LEED 专业认证考试。绿色建筑系统是复杂并且不断发展的，因而其评估应是可重复、可适应的，对技术更新和遇到的新问题应及时做出反应。英国 BREEAM 对办公建筑分册分别于 1993 年和 1998 年进行了两次修改，美国 LEED、加拿大 GBTool 评估系统也要求一段时间要升级一个新版本。

2.国外绿色建筑评估体系的不足

绿色建筑评估是关系到绿色建筑健康发展的重要工作，世界上许多国家都在这一领域积极研究和实践。但由于受到知识和技术的制约，各国对于建筑和环境的关系认识还不全面，评估体系还都存在着一些局限性。

①某些评估因素的简单化。建筑的生态评估是高度复杂的系统工程，特别是许多社会和文化因素难以对其确定评价指标，量化工作更是困难，目前的一些评估只从技术的角度入手，回避了此类问题。各国评估指标体系尚未包括评估社会生态或人文生态的有关内容，导致“绿色建筑系统评估”不完善，因此组成“促进环境持续发展”和“保护人类健康”两大主题的内容也就不完整。

②标准权衡的问题。尽管英国 BREEAM、加拿大 GBTool 等系统已经使用有关机构制定的权衡系统系数，但对这一问题还要进行审慎的研究工作。此外，还有如何运用评估结果提高、改善建筑性能，评估的约束机制等问题需要考虑。从目前已有的评估体系来看，定量评估还存在可提升的空间。更理想的模式应是通过评估体系辅助模拟软件的模拟预测，与建筑设计、建造各环节实现有机结合。通过各种模拟预测方法对各种方案可能出现的影响做分析预测，并通过对过程的管理保障绿色目标的最终实现。

③评估体系的可操作性。美国 LEED 系统结构简单，操作容易，我国目前已有的类似评估体系主要以它为参照物，但是从专业的角度看，其评估体系条目结构有些简单，不够全面。

④评估体系的全过程监管问题。目前的评估体系主要是解决事后评估与认

证，而要保证建筑达到基本的绿色标准则要对全过程进行引导、监控与管理，否则当建筑物不能真正实现设计的构想而未达到绿色建筑的标准时，可能不知道是由哪个环节没有妥善解决而造成的。

⑤各国评估体系不利于交流共享。现有的评估体系中，除了加拿大 GBTool 是由多个国家共同参与开发，其他都是由各个国家自行研究开发的，它们虽然对本国的实际情况有较强的针对性，但同时也意味着缺乏通用性。在欧洲国家适用的评估工具拿到亚洲国家来使用就会遇到很多问题；尚未开发绿色建筑评估体系的国家要从已有的绿色建筑评估体系中获得借鉴，也会受到地区差异的阻碍；即使是同一地区的不同国家之间，评估体系也有很多不同，这就阻碍了绿色建筑评估体系在不同国家和地区间的交流和共享。例如英国 BREEAM 没有明确考虑处理有关地域性的问题。由于英国 BREEAM 是基于英国的情况开发的，因而要想在其他国家或地区进行推广，需要进行工程浩大的修订工作，使得其适应性受到很大限制。美国 LEED 和英国 BREEAM 分析工具是适合发达国家的，因此缺少必要的适应性去适应其他国家。它们是为了自己国家的建筑和环境的需要而设计的，它们对发展中国家和建筑环境有关的其他方面的影响的解释是不够的。

⑥评估工作量大。以日本 CASBEE 新建建筑评估工具为例，它的评估内容包括建筑物环境质量与性能和建筑物的环境负荷两大项，其中建筑物环境质量一项包含 64 个子项目，建筑物的环境负荷一项包含 29 个子项目，这还没有计入子项目中包含的更下一级的子项目。加拿大 GBTool 评估采用的是 Excel 软件，界面过于复杂，而且无法与其他程序建立接口。

⑦灵活性和扩展性差。评估项目的细致量化必然导致评估系统的灵活性差，不能适应广泛的建筑类型和功能，不利于调整和改进。不同国家间的评估体系无法互换使用，即使是在同一国家内，绿色建筑评估体系对于不同地区的建筑也要采取不同的评估标准，不同地区参评建筑的评估结果也难以进行比较。此外，还有评估项目的更新、权重系数确定的合理性等问题需要考虑。英

国 BREEAM 评估过程很复杂，需由多名持有 BRE 执照的专业评估师操作。BRE 规定每个项目的评估由至少两位经过 BRE 专门培训的英国 BREEAM 注册评估师完成。与英国 BREEAM 和美国 LEED 相比，加拿大 GBTool 更容易适应不同的建设环境。具体的评估项目、评估基准和权重是由各个国家的专家根据本国的实际情况增减确定，因而各国都可以通过改编而拥有自己的 GBTool 版本。由于基本评估框架的一致性和具体内容的地区特征，不同版本的 GBTool 同时具备了地区实用性和国际可比性，也就形成了它不同于其他评估方法的最大特征。定制不同的基准和衡量系统使 GBTool 有机会能和中国的情况相适应。但从实用的角度看，加拿大 GBTool 内容烦琐，操作十分复杂，评估过程中需要输入各类设计、模拟、计算数据和相关文字上千条。

3.国外绿色建筑评估体系给中国的启示

上述各国的评估体系在研究时间、技术水平、操作理念等方面各不相同，对我国发展自己的评估体系的借鉴意义也各有不同。

如英国的 BREEAM 是公认的最早和市场化最成功的评估系统，评估架构相比较其他体系而言结构层次划分适中，标准条目数量也比较合适，可操作性和科学性都能得到一定的保证；评估报告以评估书的方式，提出对于所评建筑在建筑环保性能上的建议。另外，体系的制定机构还为建筑师和开发商提供相关的技术咨询，这些都能更好地发挥评估对设计的指导作用，是值得我们学习借鉴的地方。

又如加拿大 GBTool 由于有国际小组的参与，是所有评估系统中最为开放、变化最显著的一个，充分尊重了地方特色，评估基准灵活而且适应性强。各国和地区可以根据当地情况对评估体系自行增删条目，自行设置评估性能标准和权重系统。

国外发展绿色建筑的经验给我们许多有益的启示：一是绿色建筑要体现“四节”和环境保护的可持续发展要求，并将其贯穿到建筑的规划设计、建造和运行管理的全寿命周期的各个环节中；二是要通过建立权威的绿色建筑评估体系制度，规范管理和指导，强化市场导向；三是绿色建筑要适应国情，找准切入点和突破口，先易后难，分步推进，逐步扩大范围，持续地提高要求，最终实现全面推广绿色建筑的目标。

为此，我国绿色建筑评估体系的改进需要注意以下几点：①改进评估必须被建筑专业人员和普通大众所理解和接受；②考虑到现有建筑物结构的限制，改进措施必须是可行的且符合成本效益原则；③改进评估必须以当前最先进、最可靠的技术为依据；④评估必须有清楚的目的，并且充分考虑当地条件；⑤改进措施必须是技术上可行，建筑条件允许，满足市场要求的。

四、国内绿色建筑节能的评估体系

（一）我国绿色建筑评估体系

1.《绿色奥运建筑评估体系》

（1）背景

随着可持续发展观念在世界各国各个领域逐渐深入人心，国际社会达成了一个共识：体育活动的开展也要与环境保护协调一致，寻求发展与保护的平衡点，并最终通过体育活动的开展促进社会的可持续发展。因此，国际奥委会于1991年对《奥林匹克宪章》进行了修改，将提交环保计划作为申报奥运会城市的必选项目。1996年国际奥委会成立了环境委员会，并最终明确了“环保”作为奥运会继“运动”“文化”之后的第三大主题。

北京2008年奥运会明确提出了“绿色奥运”“科技奥运”和“人文奥运”的口号。为了使奥运建筑真正具有绿色的内涵，需要有公开的、科学的管理机制协助实现奥运建筑的绿色化。2002年，在科学技术部、北京市科委和北京奥组委的组织下，“奥运绿色建筑标准及评估体系研究”课题立项，该课题也是科技部“科技奥运十大专项”中的核心项目。2004年2月25日，“奥运绿色建筑标准及评估体系研究”顺利通过专家验收，并形成了《绿色奥运建筑评估体系》《绿色奥运建筑实施指南》等一系列研究成果，为奥运场馆建设提供了较为详尽的建设依据，并将绿色奥运建筑的评估经验推向全国。

（2）评估体系介绍

《绿色奥运建筑评估体系》（Green Olympic Building Assessment System，简称 GOBAS）中明确指出：绿色建筑在国内外虽然尚无统一的意见，但可以明确的是，绿色建筑希望在能源消耗和环境保护上做到少消耗、小影响，同时也要能为居住和使用者提供健康舒适的建筑环境和良好的服务。换言之，绿色建筑希望在这两者之间找到一个平衡点，而并不只是单纯地强调某一方面。目前中国总体建筑环境质量差距较大，现状和要求存在较大的差距，强调的主体应该是能源、资源和环境代价的最小化。

GOBAS 由绿色奥运建筑评估纲要、绿色奥运建筑评分手册、评分手册条文说明、评估软件四个部分组成。其中评估纲要列出与绿色建筑相关的内容和评估要求，给予项目纲领性的要求；评分手册则给出具体的评估打分方法，指导绿色建筑建设与评估；条文说明则对评分给出具体原理和相应的条目说明。

同时，GOBAS 按照全过程监控、分阶段评估的指导思想，将评估过程分为规划设计阶段、设计阶段、施工阶段、调试验收与运行管理 4 个阶段（见表 1-2）。

表 1-2　GOBAS 阶段划分及其指标内容

阶段划分	一级指标	阶段划分	一级指标
规划设计阶段	场地选址； 总体规划环境影响评价； 交通规划； 绿化； 能源规划； 资源利用； 水环境系统。	施工阶段	环境影响； 能源利用与管理； 材料与资源； 水资源； 人员安全与健康。

续表

阶段划分	一级指标	阶段划分	一级指标
设计阶段	建筑设计； 室外工程设计； 材料与资源利用； 能源消耗； 水环境系统； 室内空气质量。	调试验收 与运行管理	室外环境； 室内环境； 能源消耗； 水环境； 绿色管理。

GOBAS根据上述四个阶段的不同特点和具体要求，分别从环境、能源、水资源、室内环境质量等方面进行评估。同时规定，只有在前一阶段的评估中达标者才能进行下一阶段的设计、施工工作，充分保证了GOBAS从规划、设计、施工到运行管理阶段的持续监管作用，使得项目最终达到绿色建筑标准。

2.《绿色建筑评价标准》

（1）背景

虽然引入了“绿色建筑”的理念，但我国长期处在没有正式颁布绿色建筑的相关规范和标准的状态。现存的一些评价体系和标准，如《中国生态住宅技术评估手册》《绿色生态住宅小区建设要点与技术导则》《绿色奥运建筑评估体系》等或侧重评价生态住宅的性能，或针对奥运建筑，没有真正明确绿色建筑概念和评估原则、标准的国家规范出台。《绿色建筑评价标准》首次以国标的形式明确了绿色建筑在我国的定义、内涵、技术规范和评价标准，并提供了评价打分体系，为我国的绿色建筑发展和建设提供了指导，对促进绿色建筑及相关技术的健康发展有重要意义。

（2）评价内容与方法

《绿色建筑评价标准》评价的对象为住宅建筑和公共建筑（包括办公建筑、商场、宾馆等）。其中对住宅建筑，原则上以住区为对象，也可以单栋住宅为对象进行评价，对公共建筑则以单体建筑为对象进行评价。

《绿色建筑评价标准》明确提出了绿色建筑“四节一环保”的概念，提出发展“节能省地型住宅和公共建筑”，评价指标体系包括以下 6 大指标（见表 1-3、表 1-4）：节地与室外环境、节能与能源利用、节水与水资源利用、节材与材料资源利用、室内环境质量、运营管理。各大指标中的具体指标分为控制项、一般项和优选项 3 类。这 6 大类指标涵盖了绿色建筑的基本要素，包含了建筑物全寿命周期内的规划设计、施工、运营管理及回收各阶段的评定指标及其子系统。在评价一个建筑是否为绿色建筑的时候，首要条件是该建筑应全部满足《标准》中有关住宅建筑或公共建筑中控制项的要求，满足控制项要求后，再按照满足一般项数和优选项数的程度进行评分，从而将绿色建筑划分为 3 个等级。

表 1-3　划分绿色建筑等级的项数要求（住宅建筑）

等级	一般项数（共 40 项）						优选项数（共 9 项）
	节地与室外环境（共 8 项）	节能与能源利用（共 6 项）	节水与水资源利用（共 6 项）	节材与材料资源利用（共 7 项）	室内环境质量（共 6 项）	运营管理（共 6 项）	
★	4	2	3	3	2	4	—
★★	5	3	4	4	3	5	3
★★★	6	4	5	5	4	6	5

表 1-4　划分绿色建筑等级的项数要求（公共建筑）

等级	一般项数（共 43 项）						优选项数（共 14 项）
	节地与室外环境（共 6 项）	节能与能源利用（共 10 项）	节水与水资源利用（共 6 项）	节材与材料资源利用（共 8 项）	室内环境质量（共 6 项）	运营管理（共 7 项）	
★	3	4	3	5	3	4	—
★★	4	5	4	6	4	5	6
★★★	5	8	5	7	5	6	10

为了更好地推广《绿色建筑评价标准》，同时为评价标准做出更明确而详细的解说，由建设部科技司委托，建设部科技发展促进中心和依柯尔绿色建筑研究中心组织编写了《绿色建筑评价技术细则（试行）》。该细则比较系统地总结了国内绿色建筑的实践，借鉴了美国、日本、英国、德国等国家发展绿色建筑的成功经验，为绿色建筑的规划、设计、建设和管理提供了更加规范的具体指导，为绿色建筑评价标识提供了更加明确的技术原则，为绿色建筑创新奖的评审提供了更加详细的评判依据。

为了更好地把绿色建筑的理念与工程实践结合起来，使细则更加完善，使绿色建筑评价更加严谨、准确，使评价结果更加客观公正，更加具有权威性，住房和城乡建设部于 2008 年 6 月 24 日发布了《绿色建筑评价技术细则补充说明（规划设计部分）》，于 2009 年 9 月 24 日发布了《绿色建筑评价技术细则补充说明（运行使用部分）》。这些技术文件进一步优化了绿色建筑评价技术体系。

《绿色建筑评价标准》虽然是国家级的评价标准，但由于我国地域范围广阔，各地的气候、资源与环境情况差异较大，该标准并没有很好地体现各地的实际情况与特点。因而各省、市为了在当地更好地推广绿色建筑，结合本地实际情况，在《绿色建筑评价标准》的基础上又纷纷出台了地方绿色建筑评价标准。地方标准中不但增加了符合当地环境与气候特点需求的相关条款，而且在有些标准上提出了比国家标准更高的要求。至此，我国绿色建筑评价体系框架基本确立，已经形成一个涵盖多个建筑领域、多层次结构的绿色建筑评价体系。

3.其他评估体系

为尽快将绿色建筑扩大到工业建筑领域，同时为国家标准《绿色工业建筑评价标准》的编制积累经验，住房和城乡建设部组织有关单位编制了《绿色工业建筑评价导则》，并于 2010 年 8 月 23 日发布。《绿色工业建筑评价导则》在绿色建筑“四节一环保”的基础之上，充分结合工业建筑的自身特点，从多方面对绿色工业建筑的评价标准进行了明确的阐述和规定。《绿色工业建筑评价导则》为指导现阶段我国工业建筑规划设计、施工验收、运行管理，规范绿色工业建筑评价工作提供了重要的技术依据，并且为制定国家标准《绿色工业建筑评价标准》提供了有益的实践和借鉴。此外，2010 年 3 月 31 日，我国还启动了国家标准《绿色办公建筑评价标准》的编制工作，为绿色办公建筑的评定提供了依据。

（二）我国香港地区的 HK-BEAM

1.HK-BEAM 的发展历程

HK-BEAM（《香港建筑环境评估标准》）是在借鉴英国 BREEAM 体系主要框架的基础上，由香港理工大学于 1996 年制定的。1999 年，“办公建筑物”版本经小范围修订和升级后再次颁布，与之同时颁布的还有用于高层住宅类建筑物的一部全新的评估办法。2003 年，香港环保建筑协会发行了 HK-BEAM 的试用版 4/03 和 5/03，再经过进一步研究和发展以及大范围修订，在试用版的基础上修订而成 4/04 和 5/04 版本。除扩大了可评估建筑物的范围外，这两个版本还扩大了评估内容的覆盖面，将那些认为是对建筑质量和可持续性进一步定义的额外问题纳入评估内容中。

2.HK-BEAM 的评估方法

HK-BEAM 体系所涉及的评估内容包括两大方面：一是“新修建筑物”；二是“现有建筑物”。环境影响层次分为“全球”“局部”和“室内”三种。同时，为了适应香港地区现有的规划设计规范、施工建设和试运行规范、能源标签、IAQ 认证等，HK-BEAM 就有关建筑物规划、设计、建设、试运行、管理、运营和维护等一系列持续性问题制定了一套性能标准，保证与地方规范、标准和实施条例一致。

HK-BEAM 建立的目的在于为建筑业及房地产业中的全部利益相关者提供具有地域性、权威性的建设指南，采取引导措施，减少建筑物消耗能源，降低建筑物对环境可能造成的负面影响，同时提供高品质的室内环境。HK-BEAM 采取自愿评估的方式，对建筑物性能进行独立评估，并通过颁发证书的方式对其进行认证。满足标准或规定的性能标准即可获得“分数”。针对未达标部分，则由指南部分告之如何改进未达标的性能，将得分进行汇总即可得出一个整体性能等级。根据获得的分数可以得到相应分数的百分数。出于对室内环境质量重要性的考虑，在进行整体等级评定时，有必要取得最低室内环境质量得分的最低百分比，评分等级见表 1-5。

表 1-5　HK-BEAM 评分等级

等级	整体	室内环境质量等级
铂金级	75%	65%（极好）
金级	65%	55%（很好）
银级	55%	50%（好）
铜级	40%	40%（中等偏上）

HK-BEAM 的评估程序见表 1-6。

表 1-6　HK-BEAM 评估程序

顺序	程序	内容
1	资格审核	所有新修和最近重新装修的建筑物均有资格申请 HK-BEAM 评估，包括但不限于办公楼、出租楼、餐饮楼、服务用楼、图书馆、教育用楼、宾馆和居民公寓楼等。
2	开始阶段	在建筑物的设计阶段启动评估程序能够带来较好的效果，建议在开始阶段即进行 HK-BEAM 评估，便于设计人员有针对性地对提高建筑物整体性能而进行修改。
3	指南	香港环保建筑协会评估员将会给客户发放问卷，问卷详细包含了评估要求的信息。评估员将安排时间与设计团队讨论设计细节。之后，评估员将根据从问卷和讨论中收集到的信息进行评估，并产生一份临时报告。此报告将确认取得的得分、可能的得分以及需做改善而获取的得分。在此基础上，可能促使客户对设计或建筑物规范进行修改。

续表

顺序	程序	内容
4	颁证	如本评估法标准下大多数分数的取得是根据建设和竣工时的实际情况而定的，那么证书只能在建筑物竣工之时颁发。对于已做评估登记的建筑开发项目，其在评估中使用的评分和评估标准按注册时的评分和评估标准为准，除非客户申请使用注册后新产生的评分和标准。
5	申诉程序	对整个评估或任何部分的异议均可直接提交到香港环保建筑协会，由协会执行委员会进行裁定。客户在任何时候都有权以书面形式陈述申诉内容并提交给协会。

目前，主要由香港环保建筑协会负责执行 HK-BEAM。HK-BEAM 已在港推行多年，以人均计算，就评估的建筑物和建筑面积而言，HK-BEAM 在世界范围内都处于领先地位。已完成的评估方案主要包括带空调设备的商业建筑物和高层住宅建筑物。在建筑物环境影响知识的普及中，香港环保建筑协会也在积极宣传“绿色和可持续建筑物”的理念。同时，为了积极配合宣传，香港特区政府提出以政府部门为范例，规定新建政府建筑物都必须向 HK-BEAM 进行申请认证，希望以评级制度推动环保建筑的发展。

（三）我国台湾地区的 EEWH

1. EEWH 的发展历程

我国台湾地区的绿色建筑研究开展较早，于 1979 年出版了《建筑设计省能对策》一书，开创了建筑省能研究的里程碑。1998 年，建筑研究所提出了本土化的绿色建筑评估体系，包括基地绿化、基地保水、水资源、日常节能、二氧化碳减量、废弃物减量及垃圾污水改善 7 项评估指标，并于 1999 年 9 月开始进行绿色建筑标章的评选与认证。2003 年，建筑研究所在 7 项评估指标外，新增生物多样性指标与室内环境指标，形成 9 项评估指标系统，将绿色建筑从“消耗最少地球资源，制造最少废弃物”的消极定义，扩大为“生态、节能、减废、健康”的积极定义，此体系即 EEWH 评估系统。2004 年起，EEWH 系统开始采用分级评估法，其目的在于认定合格绿色建筑的品质优劣，经过评估后将合格建筑依其优劣程度，依次分为钻石级、黄金级、银级、铜级与合格级。

2.EEWH 的评估方法

EEWH 系统评估体系分为“生态、节能、减废、健康”4 大项指标群，包含生物多样性指标、绿化量指标、基地保水指标、日常节能指标、二氧化碳减量指标、废弃物减量指标、室内环境指标、水资源指标、污水垃圾改善指标等 9 项指标，见表 1-7。

表 1-7　EEWH 系统与地球环境的关系

指标群	指标名称	与地球环境关系						尺度关系		
		气候	水	土地	生物	能源	资料	尺度	空间	次序
生态	生物多样性指标	*	*	*	*			大	外	先
	绿化量指标	*	*	*	*			↑	↑	↑
	基地保水指标	*	*	*	*			|	|	|
节能	日常节能指标	*				*		|	|	|
减废	二氧化碳减量指标			*		*	*	|	|	|
	废弃物减量指标			*			*	↓	↓	↓
健康	室内环境指标			*		*	*	↓	↓	↓
	水资源指标	*	*					↓	↓	↓
	污水垃圾改善指标		*		*		*	小	内	后

通过 EEWH 系统评估的建筑物，根据其生命周期中的设计阶段和施工完成后的使用阶段可被授予绿色建筑候选证书及绿色建筑标章——取得使用执照的建筑物，并合乎绿色建筑评估指标标准的被授予绿色建筑标章；尚未完工但规划设计合乎绿色建筑评估指标标准的新建建筑被授予候选绿色建筑证书。

在 1999 年绿色建筑标章制度实施的初期，并不强制要求每个申请者均能通过 7 项指标评估，但规定至少要符合日常节能和水资源两项门槛指标基准值，达到省水、省电及低污染的目标即可通过评定。至2003年，评估体系扩大到9项指标，评估的门槛也相应提高，除必须符合日常节能及水资源两项门槛指标外，还需符合两项自选指标。2012年台湾地区建筑研究所为提升绿建筑技术并扩大评估范畴，满足不同绿建筑类型，依建筑使用类型完成绿建筑分类评估体系，构建完成“绿建筑家族评估体系”，简称“五大家族”。分别为《绿建筑评估手册-基本型（EEWH-BC）》《绿建筑评估手册-住宿类（EEWH-RS）》《绿建筑评估手册-厂房类（EEWH-GF）》《绿建筑评估手册-旧建筑改善类（EEWH-RN）》及《绿建筑评估手册-社区类（EEWH-EC）》。同时应社会需求、产业结构转型的趋势，评估内容与操作实务不断更新改进。至2013年底，台湾地区评定通过“绿建筑标章”及“候选绿建筑证书”已经超过3 000件。

根据评估的目的和使用者的不同，绿色建筑标章评估过程可分为规划评估、设计评估和奖励评估三个阶段：

阶段一，规划评估。又称简易查核评估，主要作用是为开发业者、规划设计人员所开设的绿色建筑提供设计前的投资策略和设计对策规划。

阶段二，设计评估。又称设计实务评估，主要作用是为建筑设计从业人员在进行细部设计时提供评估依据，并对设计方案进行反馈和检讨。

阶段三，奖励评估。又称推广应用评估，主要作用是为政府、开发业者、建筑设计者提供专业的酬金、容积率、财税、融资等奖励政策的依据。

第二章　绿色建筑与节能环保设计

第一节　绿色建筑与节能环保化规划与设计

建筑的规划与设计是建筑项目开发的前期分析、规划与设计工作，是指在对建筑项目本身、周边环境进行详尽分析的基础上对建筑项目的各部分功能进行合理划分，而后对项目整体、局部及细节进行设计，以达到预期的开发目标。建筑的规划与设计是建筑项目开发的关键性基础工作。绿色建筑与节能环保化规划与设计，要求在进行建筑规划设计时不仅要做好前期的分析与设计工作，重要的是要把绿色环保的理念融入建筑的规划与设计中，采取有效措施，尽力节约能源、资源和材料，降低对环境的负面影响，使其符合绿色建筑标准的要求。一个建筑项目是否是绿色建筑、其绿色化程度如何，在很大程度上取决于建筑初期的规划与设计。

一、绿色建筑与节能环保化规划与设计理念

绿色建筑与节能环保化规划与设计中的理念很重要，它是指导规划与设计，进而实现绿色建筑化实践的重要前提。绿色建筑中的“绿色”是一个环境友好、与环境“融合”或“容合”的概念，其内涵十分丰富，既包含低碳、节约、持续、环保、友好等概念，又包含健康、和谐、共生等内涵。因此，绿色

建筑与节能环保化规化与设计应秉承与兼顾多个方面的理念。

（一）健康、适用的理念

健康、适用的理念是指建筑要尽可能减少对人类健康的危害，满足人类身心健康、高效工作、充分放松休息的需要。

建筑，无论是工业建筑、住宅建筑，还是商业与办公建筑，都是人类活动、工作与休息的场所，构成人类生活的重要环境，与人类健康息息相关。建筑设计不合理、施工粗制滥造、选材不当，均会给建筑的室内外环境带来负面影响，危害人类健康。如建筑的通风与密封设计不合理，不但会导致室内空气难以流通，而使室内有害气体含量过高，或过度流通，使室内温度过高或过低，还会增加能源消耗；采光设计不周会产生光污染；隔音设施不到位会导致噪声污染；选用低劣建筑材料会释放过多的甲醛等有毒有害物质，这些方面的污染严重时会引发呼吸道、消化系统、血液等方面的疾病，对儿童与老人的影响尤甚。也就是说，绿色建筑设计首先应真正树立“以人为本”的理念，满足人类健康的需要，在设计过程中应合理设计自然通风系统，合理进行自然采光，选用环保材料，保证室内环境质量，使人们在舒适健康的环境中高效工作、充分休息。

（二）保护环境的理念

保护环境的理念是指应尽可能减少因建筑材料的生产、运输、使用以及建筑的施工、运行和拆除所产生的废气、废水和废旧固体，减少对自然环境的破坏与污染，目的是降低环境负荷。有资料显示，在环境总体污染中，与建筑业有关的环境污染占34%，包括空气污染、光污染、电磁污染等，建筑垃圾则占人类活动产出垃圾总量的40%。有关研究表明，大约有一半的温室气体来自与建筑材料的生产与运输、建筑的建造以及运行管理有关的能源消耗。例如，我国北方城市冬季采暖以燃煤为主，不但能源使用效率较低，也带来悬浮颗粒、二氧化碳和氮氧化物的大量排放而引起的空气污染问题。采暖期北方城市的悬浮颗粒、二氧化碳和氮氧化物等大气污染物指标明显高于非采暖期和南方城市。此外，用于建设的钢材、金属、水泥等的生产，均是重污染行业；现代装饰给人们带来了舒适、艺术、享受的同时，也给生活环境带来了污染；建筑活动还加剧了诸如酸雨增加、臭氧层破坏等其他问题。因此，保护环境是规划与设计绿色建筑时应考虑的一个重要问题。

（三）节约能源与资源的理念

节约能源与资源的理念是指在建筑材料的生产与运输、建筑施工与运行的过程中尽可能降低能源与资源的消耗，减少不可再生能源与资源的使用，优先采用可再生、可回收的能源与资源，节约材料。

如今，建筑耗能已与工业耗能、交通耗能并列，成为我国三大“耗能大户”。伴随着建筑总量的不断攀升和居住舒适度的提升，建筑耗能呈急剧上升之势。建筑的能耗（包括建造能耗、生活能耗、采暖和空调等）约占社会总能耗的30%，其中最主要的是采暖和空调，占到20%。如果再加上建材生产过程中耗掉的能源（占社会总能耗的16.7%）和建筑相关的能耗将占到社会总能耗的46.7%。我国节能工作与发达国家相比起步较晚，至2020年，我国每年新建20亿平方米房屋中，90%以上是高能耗建筑；而既有的约430亿平方米建筑中，只有4%采取了能源效率措施，单位建筑面积采暖能耗为发达国家的2～3倍。如我国的建筑采暖耗热量：外墙为气候条件接近的发达国家的2～5倍，屋顶为2.5～5.5倍，外窗为1.5～2.2倍，门窗透气性为3～6倍，总耗能为3～4倍。我国现阶段城市房屋建筑中普遍存在围护结构保温隔热性和气密性差、供热空调系统效率低下等问题。

我国建筑材料在其他资源的使用效率上也比较低。我国住宅建设用钢平均每平方米为55千克，比发达国家高出10%～25%，水泥用量为221.5千克，每一立方米混凝土比发达国家要多消耗80 kg水泥；从土地占用来看，发达国家城市人均用地为82.4平方米，发展中国家平均是83.3平方米，中国城镇人均用地为133平方米。而我国人均耕地只有世界人均耕地的1/3，但实心黏土砖每年毁田12万亩。

从能源与资源的供给来看，我国虽然能源与资源总量丰富，但由于人口众多，人均能源可采储量远低于世界平均水平，因而不得不面临能源价格，如石油、天然气价格不断攀升的问题，这也导致了很多高耗能建筑开始出现因承担不起昂贵的能源维持费用而被迫停用，或者售价、租金一降再降的现象。因此，绿色建筑在规划与设计时应考虑通过合理的通风系统、建筑围护结构的设计，减少采暖和空调的使用；尽可能充分利用如太阳能、风能、生物能、地热能等可再生能源，替代不可再生的能源与资源；在满足建筑的使用功能和结构安全的前提下，应尽可能地选用生产能耗低、回收利用率较高的建筑材料，选用低能耗可再生环保型材料，且尽可能选用地方性材料，充分利用废旧建筑资源，进行合理的节水节地等方面的设计。

（四）和谐共生与融合的理念

和谐共生与融合的理念要求建筑实现与人、自然环境、周围的其他建筑，以及当地的社会文化、政治、经济相相融合，成为当地整个社会大系统中一个不可分割的有机组成部分。

建筑不仅是为人类遮风避雨的场所，还承载着许多其他功能。建筑一旦落成，将成为自然环境的一个组成部分，因而在建筑的选址、朝向、布局、形态等方面的设计，应充分考虑其周边的自然条件和当地气候特征，尽量保留和合理利用现有的地形、地貌、植被和自然水系。建筑也是其所在的城市或社区的一部分，应承担相应的城市与社区功能，符合城市与社区规划的要求，与周围的其他建筑相和谐，共同完成相应的使命。此外，建筑还是人类文化总体的重要组成部分，是物质文明与精神文明的综合体现，其形式与内容是特定社会形态的缩影。建筑的发展也是文化的一种发展，对当时的社会历史形态的发展和走向有一定的导向作用。从人文的角度来看，建筑应契合所处的时代特征，建筑风格与规模和周围环境应保持协调，应与当地的文化、政治、经济相融合，保持历史文化与景观的连续性，发挥其传承历史、开启未来的作用。

对于和谐共生与融合的理念，周晓艳等学者在《地域性绿色建筑：建筑与当地自然环境和谐共生》一文中做了浅显的阐述。文章指出，“地域性绿色建筑”源自对“绿色建筑”与“地域建筑”设计理念的综合思考，两种设计理念均突出了“可持续发展”的思想。相比较而言，“绿色建筑”更注重利用绿色技术实现建筑与自然的和谐，“地域建筑”则更加注重自然与文化的因素，而这些都是当代建筑设计应该考虑的因素。文章从两者的思想发展及关系出发，分析了“地域性绿色建筑”的影响因素，既需要考虑地域的自然因素、人文因素，也需要借助现代科技手段，更需要社会的大力宣传与推广和人们在思想和行动上的认同。

文章还指出，20 世纪的建筑设计在形式表现和构造上取得了辉煌的成绩，但以“绿色建筑”的标准来衡量，它们大多数是“逆生态”的。“地域性”是建筑的固有属性之一。建筑营造如果不能满足地域气候及其基本要求，不但丧失了独特的建筑文化风格，还会对生态环境造成极大的破坏，从而影响自然环境的可持续发展。从这层意义上来看，“地域建筑”与“绿色建筑”的思想精髓是一脉相承的。

（五）整体设计与全寿命周期的理念

整体设计与全寿命周期的理念要求站在全局的高度、从长远的角度考虑建筑的规划与设计，从建筑的整体布局上、在建筑全寿命周期的各个阶段都体现出生态与可持续发展的理念。

建筑本身是一个复杂的项目，由若干部分组成，各部分在结构上、功能上、形式上各有差异，但它们应构成一个完整的体系。因而在建筑规划与设计时，应从建筑整体角度对各部分进行合理规划与设计，使它们之间相互协调、相互补充、相互呼应，共成一体。在设计过程中，不能因为某个局部、某个细节、某项技术而牺牲整体布局与功能。

建筑从最初的规划、设计到之后的建造、装修、运行、改造及最终拆除、垃圾处理，环环相扣，形成了一个全寿命周期。绿色、可持续的概念应体现在全寿命周期的各个阶段。在这些阶段中，规划与设计阶段是关键时期，影响并决定着其他阶段，在该阶段就应对整个建筑寿命周期的相关理念的运用做充分考虑，使得各阶段都有绿色建筑理念的应用与体现，这也要求设计者、施工方以及相关部门的通力合作，以实现建筑物全寿命周期的绿色体验。

二、绿色建筑与节能环保化规划与设计的内容

绿色建筑与节能环保化规划与设计的主要内容包括节能与能源利用设计、节水与水资源利用设计以及绿色排水系统设计。

（一）节能与能源利用设计

建筑绿色化节能与能源利用，包括降低建筑能耗，提高能源利用效率和使用可再生能源两个方面。

1.降低建筑能耗，提高能源利用效率

绿色建筑主要从建筑体形的节能设计、围护结构的节能设计、暖通系统的节能设计、采光与照明系统的节能设计四个方面来降低建筑能耗，提高能源利用效率。

（1）建筑体形的节能设计

在建筑设计中，人们常常追求建筑形态的变化。建筑体形形态是指建筑物平面所构成的形状特征。它取决于多项因素：城市景观、功能要求、技术条件、设计灵感等，体现为建筑的长度、宽度和高度。

建筑体形形态与建筑节能密切相关。围护结构材料、构造相同的建筑，但

是由于平面形状不同、建筑受太阳影响的程度以及建筑室内外通过外墙表面的热交换情况会有所差异，可以通过建筑体形系数体现出来。建筑体形系数是建筑物与室外大气接触的外表面积与其所包围的体积的比值。外表面积中，不包括地面、不采暖楼梯间隔墙和户门的面积。建筑体形系数与建筑物的节能有直接关系，研究表明，建筑的体形系数每增加 0.01，能耗指标将增加 2.5%。体形系数越大，同样建筑体积的外表面积越大，散热面积也越大，建筑能耗就越高，对建筑节能越不利，体形系数越小，对建筑节能越有利。

因而，从节能的角度考虑应尽可能减小建筑物的体形系数。但建筑体形系数还与建筑造型、平面布局、采光通风等因素密切相关，体形系数过小将导致建筑造型呆板、平面布局困难，甚至影响采光通风等建筑功能。因而在进行建筑设计时，应综合考虑节能要求、使用功能和建筑造型，在既不损害建筑功能又不影响建筑立面造型的前提下，尽量减少外围护结构的凹凸变化，设计合理的建筑朝向，减少建筑物体形系数，从而降低建筑能耗。

（2）围护结构的节能设计

建筑的围护结构包括门、窗、墙、屋顶、遮阳设施等，它们的设计不但对环境性能、室内空气质量与用户的视觉和热舒适环境有很大的影响，而且围护结构的热传导和冷风渗透是影响建筑能耗的主要因素。围护结构的节能设计通过采用适当的措施改善建筑围护结构的热工性能，减少室内、室外的热量交换，使室内温度尽可能接近舒适温度，以减少通过采暖制冷设备来达到合理舒适室温的负荷，从而达到节能目的。围护结构的节能设计重点在于保温和隔热两方面，主要包括外墙的保温隔热、门窗的节能和屋顶的节能三方面的设计：

①外墙的保温隔热设计。墙体是建筑外围护结构的主体，墙体的保温与节能是建筑节能的主要实现方式。多年来，我国建筑墙体一般采用单一材料，如空心砌块墙体、加气混凝土墙体等。单一材料热导率大，一般为高效保温材料的 20 倍以上，难以满足较高的保温隔热要求，因此复合墙体得到了很快的发展，逐渐成为当代墙体的主流。

复合墙体主要是通过在墙体主体结构基础上增加复合的绝热保温材料来改善整个墙体的热工性能。复合墙体一般用砖或钢筋混凝土做承重墙，并与绝热材料复合；或者用钢或钢筋混凝土框架结构，用薄壁材料夹以绝热材料做墙体。建筑用绝热材料主要是岩棉、矿渣棉、玻璃棉、泡沫聚苯乙烯、膨胀珍珠岩、膨胀蛭石以及加气混凝土等，而复合做法则多种多样。复合墙体的优点在于既不会使墙体过重，又能承重，保温效果又好，目前在发达国家的新建筑中被广泛应用。根据复合材料与主体结构位置的不同，复合墙体分为外墙内保温、外墙夹芯保温和外墙外保温。

外墙内保温是指在墙体结构内侧设置保温材料。内保温具有造价低廉、施工方便等优点，但存在着“热桥效应”，导致保温隔热效果差。由于在室内占用了使用空间，且在室内装修、管线排放、安装空调及其他装饰物时易遭到破坏而产生裂缝，也不适用于既有建筑的节能改造，因而其应用在我国受到了限制。

夹芯保温是指两侧为墙体材料，中间为保温材料。其优点在于对内侧墙片和保温材料形成有效的保护；对保温材料的选材要求不高，聚苯乙烯、玻璃棉以及脲醛现场浇注材料等均可使用；对施工季节和施工条件的要求不高，不影响冬季施工。这种保温墙体也存在一些缺点：内、外侧墙片之间需有连接件连接，构造复杂；外围护结构的热桥较多，保温材料的作用仍然得不到充分的发挥；外侧墙片受室外气候影响大，昼夜温差和冬夏温差大，容易造成墙体开裂和雨水渗漏。

外墙外保温是指在主体墙结构外侧设置保温材料。与内保温相比，外墙外保温虽然工艺比较复杂，不利于施工，造价也相对较高，但由于保温层覆盖住整个外墙面而使其具有一系列优点：保护建筑主体结构、延长建筑寿命；有利于消除和减弱热桥的影响；使墙体潮湿情况得到改善；有利于室温保持稳定；减少墙体所占室内使用面积，方便室内二次装修。外保温不仅适用于新建筑，还可以方便对旧有建筑物进行节能改造。随着节能标准的提高，前面两种保温方式已经很难达到节能要求，外墙外保温已经成为节能推广的重点。

②门窗的节能设计。在建筑外围保护结构中，门窗的保温隔热能力较差，门窗缝隙还是冷风渗透的主要渠道，因此改善门窗的绝热性能，是节能工作的一个重点。门窗节能主要从控制窗墙比、改善窗户保温效果和减少渗透量三个方面进行。

窗墙比指窗户面积与窗户面积加上外墙面积之比值，是建筑节能中一个非常重要的指标。窗户的传热系数一般大于同朝向外墙的传热系数，因此采暖耗热量与制冷的耗能量随窗墙比的增加而增加。如果仅仅从建筑节能的角度来说，窗墙比越小越好，但窗户还需承担通风换气和自然采光的重要功能，窗面积过小会影响房间正常采光、通风。因此，应在采光允许的条件下控制窗墙比。但过去很多人误以为开窗越大，越能提供视觉上的满足感，而英国的一项心理实验却发现：大多数人对20%的开窗率已大致心满意足，对30%的大开窗率已达心理满足感之高峰，30%以上的大开窗率对心理满足感毫无贡献。英国建筑研究所的另一项实验发现，人类对最小开窗面积的要求，只要达到楼地面的6.25%即可。在窗墙比的选择上，还应区别不同的朝向。对于南向窗，为充分利用太阳辐射热，在采取有效措施减少热耗的前提下可适当增加窗面积；而对于其他朝向的窗，应在满足居室采光环境质量要求的条件下适当减少开窗面积以降低热耗。

改善窗户保温效果指采用节能玻璃、节能型窗框，增加玻璃层数，通过采用遮阴设施（外遮阳、内遮阳）及高遮蔽系数的镶嵌材料来减少太阳辐射量以达到保温节能的目的。节能玻璃包括中空玻璃、隔热玻璃、低反射率玻璃和反热玻璃等；节能型窗框包括塑性窗框、隔热铝型框，均能达到良好的保温效果。增加窗玻璃层数，在内外层玻璃之间形成密闭的空气层，可大大改善窗户的保温效能。研究表明，双层窗的传热系数比单层窗降低将近一半，三层窗传热系数又比双层窗降低近 1/3。作为南方地区夏季的节能措施，窗户的遮阳有内外之分，以外遮阳为主，它能直接将80%的太阳辐射热量遮挡在室外，有效地降低空调负荷，节约了能源。在进行遮阳设计时，应结合建筑形式，在满足建筑立面设计的前提下，在南向及西向采取一定形式的可调外遮阳措施，如增设外遮阳板、遮阳篷等，根据使用情况进行调节，使其既能满足夏季遮阳要求，又不影响采光及冬季日照要求。此外，还可在普通玻璃上贴隔热膜代替节能玻璃，也能取得不错的保温节能效果。

减少渗透量是指增加窗的密封性，减少空气的渗透。我国多数门窗，特别是铝合金、钢窗的气密性较差，在风压和热压的作用下，冬季室外冷空气通过门窗缝隙进入室内，增加了供暖能耗。因此，在门窗的设计与制作上，一方面应提高门窗用型材的规格尺寸的准确度、尺寸稳定性和组装的精确度，以增加开启缝隙部位的搭接量，减少开启缝的宽度，达到减少空气渗透的目的；另一方面可加设密封条，提高外窗气密水平。

③屋顶的节能设计。屋顶是长期直接受太阳辐射的部位，又是遮风避雨的重要围护结构。屋顶的节能设计在于通过改善屋面层的热工性能阻止热量的传递，主要措施有倒置型屋面、架空通风屋面、坡屋顶、绿化屋面等。

倒置型屋面就是将保温层设置在防水层的上面，这样使屋面在具有优良保温隔热性能的同时使防水层得到了保护，防水层不直接受日光曝晒，减少了外部温度变化对其产生的负面影响，大大延长了其使用寿命。这种屋面施工方便、价格低廉、不污染环境，不仅适用于具有平面的屋顶，也可用于带有曲面的屋顶。但屋面保温层不宜选用容重较大、热导率较高的保温材料，以防止屋面重量、厚度过大；也不宜选用吸水率较大的保温材料，以防止屋面湿作业时，保温层大量吸水，降低保温效果。倒置型屋面还可采用双层屋顶通风的隔热方法，即在平屋顶上加建透空通风的第二层屋顶，这几乎可以将强烈的太阳辐射热完全消除，可以取得良好的保温效果。

架空通风屋面是指在屋顶设置通风间层，一方面利用通风间层的外层遮挡阳光，使屋顶变成两次传热，避免太阳辐射热直接作用在围护结构上；另一方面利用风压和热压的作用，尤其是自然通风，带走进入夹层中的热量，从而减少室外热作用对内表面的影响。通风间层屋顶的优点很多，如省料、材料层少、重量轻、构造简单、防雨防漏效果好、经济、易维修，比实体材料隔热屋顶降温效果好。

坡屋顶一般指排水坡度大于 3%的屋顶，坡屋顶有利于排水，便于设置保温层，且屋面与顶层房间的天花板间有较大空间，对保温隔热有一定的作用。

绿化屋面是指在屋顶进行绿化种植，其保温效果也很明显。屋顶绿化包括简单式屋顶绿化和花园式屋顶绿化。前者是指利用低矮灌木或草坪、地被植物进行屋顶绿化，不设置园林小品设施；后者选择小型乔木、低矮灌木和草坪、地被植物进行屋顶绿化植物配置，设置园路、座椅和园林小品等，提供游览和休憩、活动的空间。种植后屋顶也有很好的热惰性，它不随大气气温骤然升高或骤然下降而大幅波动，能够减少室外气温突变对室内环境温度的扰动。特别是在夏季，研究表明，绿化屋面与普通隔热屋面相比表面温度平均要低 6.3℃，绿化屋面下的室内温度与普通隔热屋面下的室内温度相比要低 2.6℃。

（3）暖通系统的节能设计

绿色建筑的暖通系统是指项目中所需要的“空气调节系统”，包括采暖、通风、空气调节三个方面，简称“空调系统”，其目的是维持建筑内部适宜的热度、湿度及空气环境。一般空调系统的设计包括制冷供暖系统、新风系统、排风（排油烟）系统等的综合设计。通常供给空调系统的能量由热源和冷源经水系统传递给风系统，再由风系统将能量传递给被调节的房间，以达到所要求的室内温湿度参数。

建筑中暖通空调系统所消耗的能量即为暖通空调系统的能耗，占建筑能耗的 50%～60%，且在逐年上升。暖通空调系统的能耗中包括建筑物冷热负荷引起的能耗、新风负荷引起的能耗及输送设备（风机和水泵）的能耗。影响暖通空调系统能耗的主要因素有室外气候条件、室内设计标准、围护结构特征、室内人员及设备照明的状况以及新风系统的设置等。

暖通空调系统的能耗有两个特点：一是维持室内环境所需的冷热能量的品

位较低，且具有季节性特点。由于所需冷热能量的品位较低，在具备条件的情况下就有可能利用天然能源来满足，如太阳能、地热水、废热、浅层土壤蓄热（冷）、蒸发冷却等。二是系统设计、选型和运行的不合理将会降低用能效率。提高系统控制水平，调整室内热湿环境参数，可降低空调系统能耗。

暖通空调系统的节能设计体现在整个系统的每个环节，如详细进行系统的冷热负荷计算，力求与实际需求相符，避免最终的设备选择超过实际需求；选择高效的冷热源设备；减少输送系统的动力能耗；选择高效的空调机组及末端设备；合理调节新风比；采用热回收与热交换设备，有效利用能量。暖通空调系统的主要节能措施包括以下三个方面：

①合理设置室内温湿度参数，降低暖通空调系统的能耗需求。室内温湿度的设置参数是一个重要指标，它确定了空气处理的终极目标，决定了室内是否满足人们的舒适性要求，并且在很大程度上影响冷热负荷的大小。室内热舒适性受多种因素影响，如人体的活动程度、衣服的热阻、空气干球温度、室内平均辐射温度、空气流动速度、空气湿度等，这些因素的不同组合，所需消耗的能源不同。合理组合各种因素，可在保证热舒适的前提下，降低能耗。而且，人们对舒适感的要求有很大差别，因而，对于舒适性允许有一个范围较宽的舒适区。在舒适范围内，夏季供冷时，选取较高的室内温度和相对湿度；冬季供热时，选取较低的室内温度和相对湿度，从而降低暖通空调系统的能量消耗。因此，暖通空调系统在最初设计时，应当因人而异、因地制宜地确定室内热环境参数标准。

②采用新型节能舒适健康的空调方式，提高能源利用效率。常见的节能舒适健康的空调方式有辐射供冷（暖）、低温送风空调系统、冷却塔供冷系统、置换通风加冷却顶板空调系统、冷剂自然循环系统、蓄能空调系统、变流量系统、热泵空调系统等。

辐射供冷（暖）是指降低（升高）围护结构内表面中一个或多个表面的温度，形成冷（热）辐射面，依靠辐射面与人体、家具及围护结构其余表面的辐射热交换进行供冷（暖）的技术方法，具有舒适、节能的优点，如低温地板辐射供暖和冷却吊顶。低温地板辐射供暖因其具有舒适、节能、便于分户计量等优点，目前在我国北方地区已获得大面积应用。与对流供暖方式相比，地板辐射供暖方式热效率高，热量集中在人体受益的高度内，即使室内设定温度比对流式采暖方式低一些，也能使人们有同样的温暖、舒适的感觉，热媒低温传送，在传送过程中热量损失小，热效率高；与其他采暖方式相比，也有很好的节能效果。冷却吊顶是应用最多的一种低温辐射供冷技术，因其舒适、节能等特点在欧洲一些国家已得到广泛应用，在我国也有相关产品及应用。

低温送风空调系统是指从集中空气处理机组送出温度较低的冷风进入空调房间。所谓低温是相对于常规送风温度而言的，常规送风系统从空气处理器出来的空气温度一般为10～15℃，而低温送风空调系统的送风温度为4～10℃。低温送风降低了送风温度，从而减少了送风量，也就减小了空气处理设备的尺寸和电耗。冰蓄冷技术的发展，使提供1～4℃的低温冷冻水成为现实，为低温送风方式创造了条件。与常规温度送风空调相比，低温送风空调具有提高舒适度、节能、初期投资少、运行费用低和节省空间等特点。低温送风空调系统，在国内尚属新技术范畴，指导设计的具体方法较少，但由于其节能特性，在实际工程中已有所应用。

冷却塔供冷系统是指在室外空气温度较低时，无须开启冷冻机，利用流经冷却塔的循环水直接或间接地向空调系统供冷，提供建筑物所需要的冷量，从而节约冷水机组的能耗，达到节能的目的。这种方式比较适用于全年供冷或供冷时间较长的建筑物。利用冷却塔实行免费供冷能够节约冷水机组的耗电量，同时节约了用户的运行费用。

置换通风与冷却顶板空调系统即置换通风与冷却顶板的复合系统。置换通风方式是让集中处理好的新鲜空气直接在房间下部以低速、小温差状态，借助空气热浮力作用，在送风及室内热源形成的上升气流的共同作用下，把热浊空气提升至顶部排出，形成所谓“新风潮”。冷却顶板具有辐射作用，专用于承担室内显冷负荷。在这种系统中，人体感受温度会比实际室温要低，所以在相同热感觉下，设计的室温可比传统混合通风空调系统提高一些，从而减少显冷负荷。此外，冷却顶板不要求较低的供水温度，使某些天然冷源也得以被应用。该复合系统既有利于保证新风供应，排除污染物质，又因送排风量相对减少，提高通风效率，从而带来新风处理能耗以及送排风动力消耗的节省。据国外相关资料，这种系统较传统混合式通风空调系统可以节约的总能耗达37%左右。

制冷剂自然循环系统是指借助制冷工质在特定的密闭回路的高位回汽冷凝和低位回液汽化过程，利用气态与液态冷媒之间的密度差实现自然循环，同时将冷热量自冷热源传递给空调用户。该系统的最大特点是利用工质密度差作为驱动力，因此就不需要压缩机作为动力源，相应地，也就不需要电力输入，没有效率转换，可实现高效的节能运行。对一个典型办公楼（建筑面积为1万平方米）的对比分析表明，这种系统较之传统集中式和分散式系统，冷热源装机容量分别减少 57%和 63%，耗电量降低约 54%和 43%，运行成本则节省约66%和 55%。

蓄能空调系统就是将多余的电网负荷低谷段的电力用于制冷或制热，利用诸如水或盐类等介质的显热和潜热，将冷量或热量储存起来，而在电网负荷高峰段再将冷、热量释放出来，作为空调的冷、热源。将蓄能空调与电力系统的分时电价相结合，从宏观上可以起到平衡电网负荷和调峰节能的作用，微观上可以为空调用户节省大笔运行费用。

变流量系统即利用变频技术，用变速泵和变速风机替代调节阀，根据空调负荷改变水流量或风流量，从而达到节能目的。实行变流量调节不仅可以防止或减少运行调节的再热、混合等损失，而且由于流量随负荷的减少而减少，输送动力能耗大幅度降低，节约了风机和水泵耗电量，因而能有效地节能。变流量系统分为变风量系统和变水量系统。变风量系统可以根据空调负荷的变化自动减小风机的转速，通过调整系统的送风量来维持室温，从而实现节能目的。该系统比定风量系统的全年空气输送能耗节约 1/3，设备容量减少 20%～30%，适合于运行期间负荷变化大、部分负荷时间多的空调分区。变水量系统利用变速水泵维持供回水压差恒定，当负荷减少时，减少供水量，从而减小水路输送的能耗。和定水量系统相比，既可避免冷热抵消的能量损失，还可以减少水路输送的能耗。

热泵空调系统是指依靠高位能的驱动，使热量从低位热源流向高位热源的装置。它可以把不能直接利用的低品位热能转化为可以利用的高位能，从而达到节约部分高位能，如煤、石油、天然气和电能等的目的。热泵取热的低温热源可以是室外空气、室内排气、地面或地下水以及废弃不用的其他余热。热泵系统可分为空气源热泵、水源热泵以及地源热泵三类。热泵从自然界中提取能量，效率高且没有任何污染物排放，是当今最清洁、经济的能源方式。在资源越来越匮乏的今天，作为人类利用低温热能的最先进方式，热泵技术已经在全世界范围内受到广泛关注和重视，现已用于家庭住房、公共建筑、厂房的建造中。

③设置热能回收装置，实现能源的最大限度利用。热能回收装置可在空调系统运行过程中，使状态不同（载热不同）的两种流体，通过某种热交换设备进行总热（或湿热）传递，在不消耗或少消耗冷（热）源能量的情况下，充分利用空调系统的余热，完成系统需要的热、湿变化过程，从而达到节能的目的。在建筑物的空调负荷中，新风负荷所占比例比较大，一般占空调总负荷的25%～30%。为保证室内环境卫生，空调运行时要排走室内部分空气，必然会带走部分能量，而同时又要投入能量对新风进行处理。如果在系统中设置能量回收装置，用排风中的能量来处理新风，就可减少处理新风所需的能量，降低机组负荷，提高空调系统的经济性。

（4）采光与照明系统的节能设计

建筑物的照明系统也是一个巨大的能耗系统。照明耗电在每个国家的总发电量中占有不可忽视的比重，我国照明耗电占全国总发电量的10%～20%，照明系统在实际的运行中存在着大量浪费能源的现象。建筑采光与照明系统的节能设计应在满足建筑物的功能要求，即满足照明的照度、色温、显色指数及建筑物的一些特殊工艺要求的前提下，考虑实际经济效益，在不过高地增加投资和运行费用的情况下，减少无谓能量的消耗。建筑采光与照明系统的节能设计主要包括以下三个方面：

①充分利用天然采光，即充分利用自然光满足照明需求。自然光不仅具有较高的视觉功效，而且还能满足人类心理和生活上的舒适要求，从而达到保护人体健康的目的。天然采光是照明节能的一个重要内容，照明节能应从科学与合理地应用自然光开始，最大限度地使用这种大自然赋予的能源。在天然采光中，窗的采光效率是最受关注的。窗户具有采光、通风、防噪声、防范（防尘、防火、防窃）等多种功能，在日照充足的地区，建筑设计中要充分利用这一资源，这也是建筑照明节能的第一步。建筑物的采光设计可通过多种途径来实现，如采用反射挡光板的采光窗、阳光凹井采光窗等，也可利用先进的导光方法和导光材料，如反射法、导光管法、光导纤维法、高空聚光法等，这也是近年来建筑采光设计重点研究的方向之一。

②合理选用照明方式、光源与照明灯具，进行照度控制。建筑的不同部位具有不同的功能，对光线的要求也有所差异，应根据不同的照明要求采用适当的光源与照明灯具，进行照度控制。

科学选用电光源是照明节电的首要问题。电光源按发光原理可分为两类：一类是热辐射电光源，如白炽灯、卤钨灯等。另一类是气体放电光源，如汞灯、钠灯、氙灯、金属卤化物灯等。各种电光源的发光效率有较大差异。气体放电光源光效比热辐射电光源高得多。目前，国内生产的电光源的发光效率、寿命、显色性能均在不断提高，节能电光源不断涌现。一般情况下，可逐步用气体放电光源替代热辐射电光源，并尽可能选用光效高的气体放电光源。在科学选择电光源的同时要配备合适的灯具。灯具的主要功能是合理分配光源辐射的光通量，满足环境和作业的配光要求，并且不产生眩目现象和严重的光幕反射。选择灯具时，除考虑环境光分布和限制炫光的要求外，还应考虑灯具的效率，选择高光效灯具。另外，在灯具设计上要采用合理的配光。如白炽灯的灯具若在弧度上处置合理，照度不变的情况下可节电 20%，荧光灯的灯具设计错开重光部分，可提高 60%的光效。

除了选择合适的光源与灯具，还应根据需要进行照度控制。照度太低，会损害人的视力，影响生活与工作质量。不合理的高照度则会浪费电力，选择的照度必须与所进行的视觉工作相适应，并满足国家相应的标准要求。在满足标准照度的条件下，还应选择合适的照明方式。照明方式有三种：一般照明、局部照明、混合照明。大多数情况下，混合照明效果较好，不但能满足照明要求，而且还能节约用电。当一种光源不能满足要求时，可采用两种以上光源混合照明的方式。如当日光采光不足时就必须通过灯光进行补偿，应依照日光强度和室内照度相结合控制电灯的开闭和进行灯光照度的调整。对于大空间建筑，则应划分成若干个照明区，在每个区域内按照照明负荷分成不同的供电同路。

③选择合理的照明控制方式。随着电子技术的发展，照明控制技术也在不断地发展。从节能、环保、运行维护及投资回收期上看，现代智能照明控制方式应成为照明控制的主流。照明控制设计应有前瞻性，现代智能照明控制方式有很多种，应根据不同的使用要求选择合适的控制方式。如针对公共区域，如针对楼梯、通道等公共区域，采用手动、移动感应器或定时自动控制器控制电灯开启，当有人到达时，启动电灯，经过一段延迟，电灯自动关闭或转暗；酒店、办公大堂、多功能厅、会议室或体育场馆、剧院、博物馆、美术馆等功能性要求较高的公共建筑，宜采用智能照明集中控制；大面积的办公室、图书馆，宜采用智能照明控制系统，有自然采光的区域内的电气照明，可采用恒照度控制。靠近外窗的灯具应随着自然光线的变化，自动打开或关闭该区域内的灯具，保证室内照明的均匀和稳定；对于学校教学楼、多媒体教室需采用调光控制，为节省投资，一般教室可采用面板开关控制。

2.充分利用可再生能源

可再生能源是指可以再生的能源的总称，包括太阳能、水能、生物质能、氢能、风能、地热能、波浪能以及海洋表面与深层之间的热循环等。可再生能源的利用对节约传统能源起着非常重要的作用，在绿色建筑中使用太阳能等非常规、可再生，并且绿色无污染的能源已成为发展的趋势。目前，在国内建筑领域中应用较广的是太阳能、地热能与风能。

（1）充分利用太阳能

太阳能在建筑中的利用主要包括太阳能的光热利用和光电利用两方面。太阳能光热利用系统主要包括太阳能热水器、被动式太阳房、太阳能空调、太阳能干燥器、太阳能热动力系统、太阳能热力发电、太阳灶等。太阳能光电利用主要包括光伏发电和自然采光。目前主要的太阳能利用方式有：①被动式太阳能热水系统，利用太阳能集热器或真空管吸收太阳辐射热为用户提供生活热水，此系统结构简单、经济适用，在我国得到了广泛的运用；②主动式太阳能采暖系统，指在外在能源启动下，借助集热器、蓄热器、管道、风机及泵等设备来收集、蓄存转换和输配太阳能，提供生活热水或居室供暖，通过对系统中各部分的控制以达到需要的温度，因而在居室采暖方面具有更大的选择性；③太阳能光伏发电系统，是指利用太阳能光伏电池板吸收太阳能，将太阳能转化为电能，提供室内设备用电或接入市政电网送电。

（2）充分利用地热能

地热能的利用方式目前主要体现为利用地源热泵系统。地源热泵系统的工作原理主要是通过工作介质流过埋设在土壤或地下水、地表水（含污水、海水等）中的一种传热效果较好的管材，来吸取土壤或水中的热量（制热时）及排出热量（制冷时）到土壤中或水中。与空气源热泵相比，它的优点是出力稳定，效率高，且没有除霜问题，可大大降低运行费用。

（3）充分利用风能

风能的利用方式目前主要是风力发电。风力发电机的工作原理比较简单，风轮在风力的作用下旋转，把风的动能转变为风轮轴的机械能，发电机在风轮轴的带动下旋转发电，用于建筑中的照明系统。

对于建筑的节能设计与相关技术，国家相关部门已制定了相关的法律法规、技术标准与规范，如《中华人民共和国可再生能源法》《公共建筑节能设计标准》《冷水机组能效限定值及能效等级》《单元式空气调节机能效限定值及能效等级》《建筑照明设计标准》等。因而在进行绿色建筑的节能设计时，各节能系统与项目的设计应符合相应的法律法规、技术标准与规范的要求。

（二）节水与水资源利用设计

节水与水资源利用设计是指绿色建筑在设计与规划时，应结合当地的气候、水资源、给排水等客观环境状况，在满足用水需求、保证用水安全与使用要求的前提下，制订节水规划方案，采取有效措施，提高水资源的利用效率，减少无用耗水量，减少市政供水量和污水排放量，从而达到保证有效水资源的持续、经济供给的目的。节水与水资源利用的规划与设计，主要包括三个方面：一是供水系统的节约用水；二是中水的回收与利用（或再生水源的开发与利用）；三是雨水的收集与利用。

1.供水系统的节约用水

供水系统的节约用水是指采取有效措施节约用水，提高水的利用效率。供水系统的节约用水从三个方面着手：避免管网漏损、使用节水器具和灌溉节水。

（1）避免管网漏损

目前城市给水管网漏损率一般都高于10%，造成大量的水资源浪费，因而避免管网漏损是提高用水效率的重要途径。建筑管网漏水主要集中在室内卫生器具漏水、屋顶水箱漏水和管网漏水上，表现为跑、冒、滴、漏，重点发生在给水系统的附件、配件、设备等的接口处。为避免管网漏损，可采取以下措施：给水系统中使用的管材、管件应符合现行产品国家标准的要求，新型管材和管件应符合企业标准的要求，并必须符合有关管理部门的规定和组织专家的评估或通过鉴定的企业标准的要求；采取管道涂衬、管内衬软管、管内套管道、管道防腐等措施避免管道损漏；选用性能高的阀门、零泄漏阀门等，做好给水系统的密闭工作；合理限定给水压力，避免给水压力持续变高或骤变；选用高灵敏度计量水表，并根据水平衡测试标准安装分级计量水表，使计量水表安装率达 100%；做好管道基础处理和覆土工作，控制管道埋深，把好施工质量关，加强日常的管网检漏工作。

（2）使用节水器具

推广和使用节水型器具与设备是建筑节水的主要途径之一。用水器具应优先选用国家相关规定公布的设备、器材和器具。公共区域应合理选用节水水龙头、节水坐便器、节水淋浴装置等。所有用水器具应满足《节水型生活用水器具》及《节水型产品技术条件与管理通则》的要求。节水龙头可分为加气节水龙头、陶瓷阀芯水龙头、停水自动关闭水龙头等；节水坐便器可分为压力流防臭、压力流冲击式 6L 直排坐便器、3L/6L 两挡节水型虹吸式排水坐便器、6L 以下直排式节水型坐便器或感应式节水型坐便器、带洗手水龙头的水箱坐便器、无水真空抽吸坐便器等；节水淋浴器可分为水温调节器、节水型淋浴喷嘴等；节水型电器可分为节水洗衣机、节水洗碗机等。

（3）灌溉节水

绿化灌溉应采用喷灌、微灌、渗灌、低压管灌等节水灌溉方式，同时还可利用湿度传感器或根据气候变化的调节控制器进行灌溉。为增加雨水渗透量和减少灌溉量，可选用兼具渗透和排放两种功能的渗透性排水管。

目前普遍采用的节水绿化灌溉方式是喷灌，即利用专门的设备（动力机、水泵、管道等）把水加压，或利用水的自然落差将有压水送到灌溉地段，通过喷洒器（喷头）将水喷射到空中散成细小的水滴，使其均匀地散布在地面，比地面漫灌省水 30%～50%。喷灌要在风力小时进行。当采用再生水灌溉时，喷灌方式易形成气溶胶，因而水中微生物在空气中极易传播，应避免出现这种情况。

微灌包括滴灌、微喷灌、涌流灌和地下渗灌，通过低压管道和滴头或其他灌水器，以持续、均匀和受控的方式向植物根系输送所需水分，比地面漫灌省水 50%～70%，比喷灌省水 15%～20%。微灌的灌水器孔径很小，易堵塞，因而微灌的用水一般都应进行净化处理，先经过沉淀除去大颗粒泥沙，再进行过滤，除去细小颗粒的杂质等，特殊情况还需进行化学处理。

2.中水的回收与利用

（1）中水回收

中水也称再生水或回用水，在污水处理方面一般被称为再生水，在工厂使用方面一般被称为回用水。再生水一般以水质作为标志，其主要指城市或生活污水，或各种排水经过处理后达到国家一定的水质标准，可在一定范围内重复使用的非饮用水。因其水质指标低于城市给水中饮用水水质标准，但又高于污水允许排入地面水体排放标准，亦即其水质居于生活饮用水水质和允许排放污水水质标准之间，故将其命名为“中水”。

中水具有不受气候影响、不与邻近地区争水、就地可取、稳定可靠、保证率高及成本低等优点。和海水淡化、跨流域调水相比，再生水具有明显的优势。从经济的角度看，再生水的成本最低，而海水淡化的成本、跨流域调水的成本则要高出很多。从环保的角度看，污水再生利用有助于改善生态环境，实现水生态的良性循环，缓解水资源紧缺的矛盾，因而再生水是城市的第二水源，已经成为世界各国解决水问题的首选项。20世纪60年代以来，世界多个国家和地区相继出现水资源危机，许多国家和地区积极着手加强节水意识以及研究城市废水再生与回收利用工作。在美国、日本、以色列等国，在厕所冲洗、园林和农田灌溉、道路保洁、车辆清洗、城市喷泉、冷却设备补充用水等方面，都大量地使用中水。

中水水源包括冷却排水、淋浴排水、盥洗排水、厨房排水、厕所排水、城市污水厂二沉池出水等。一般情况下，住宅建筑中将除厕所污水外的其余排水作为中水水源；大型的公共建筑、旅馆、商住楼等，把冷却排水、淋浴排水、盥洗排水作为中水水源。对中水进行处理时，根据中水水源、水质和使用要求选择相应的工艺流程。对于以优质杂排水为水源且水量不太大的中水，一般采用以物化处理为主的工艺流程；对于以一般杂排水为水源的中水，一般采用以一段生化处理为主、辅以物化处理的工艺流程；对于以生活污水为水源的中水，一般采用以二段生化处理和物化处理相结合的处理流程。

（2）中水利用

中水在处理、储存、输配等环节中应采取一定的安全防护和监（检）测控制措施，符合《城镇污水再生利用工程设计规范》《建筑中水设计规范》《再生水水质标准》等标准的相关要求，保证卫生安全，不对人体健康和周围环境产生不利影响。根据再生水的用途不同，对其水质的相应要求也有所不同。中水用作建筑杂用水和城市杂用水，如冲厕、清扫道路、消防、城市绿化、车辆冲洗、建筑施工等杂用时，其水质应符合国家标准《城市污水再生利用城市杂用水水质》的规定；中水用于景观环境用水时，其水质应符合国家标准《城市污水再生利用—景观环境用水水质》的规定；中水用于食用作物、蔬菜浇灌用水时，应符合《农田灌溉水质标准》的要求；中水用于采暖系统补水等其他用途时，其水质应达到相应使用要求的水质标准；当中水同时满足多种用途时，其水质应按最高水质标准确定。

3.雨水的收集与利用

（1）国内外雨水利用情况

雨水作为一种自然资源，具有污染轻、水质条件好、处理工艺简单、投资少、见效快等特点，因此被认为是最有利用价值的水资源。但由于受季节和气候等因素的影响，降雨分配不均匀，随机性大，因而雨水也存在着水源不稳定的缺点。绿色建筑雨水利用是指利用各种工程手段有目的和有针对性地对绿色建筑的雨水加以控制和利用，将降雨转化为地下水或者将地表径流加以收集、调配和利用，以满足建筑用水的需求。

雨水利用最早在德国、日本和以色列得到重视，20 世纪就在这些国家大力推行。它们开发利用雨水作为灌溉和非饮用水，以控制自然水体污染和缓解日益增长的用水需求，并完善了相应的政策和技术措施。现在德国的雨水利用技术已经发展到第三代，相关政策和技术措施也较为完善，实现了雨水利用的标准化和产业化。

我国国土辽阔，东西、南北跨度大，东部濒临太平洋，受季风气候的影响，降水丰富，为雨水利用提供了有利的条件。但我国地域辽阔，降雨时空分布不均匀，各地的降雨量存在较大差异，整体趋势是从东南沿海向西北内陆递减。目前，我国城市建设步伐加快，城市地面硬化面积逐步增大，大量的雨水通过排放系统径流排出城市，造成水资源流失，雨水并没有得到充分利用。未来，随着水资源的短缺，雨水的利用潜力也会更加突出。

（2）雨水利用的方式与措施

国内外的绿色建筑在雨水收集与利用方面，主要采取间接利用和直接利用两种手段。

①雨水的间接利用。雨水的间接利用主要是利用雨水的自然循环，通过一定的雨水渗透系统，将雨水直接渗透到地下，增加土壤的相对含水量。雨水渗透作为一种间接节水方式，不仅能够缓解雨水管道的输送压力，还可以利用绿地和土壤的净化作用截留径流所携带的污染物，相当于对雨水进行了预处理。在我国北方部分干旱地区，雨水蓄积的效益不明显，雨水的利用主要依赖于渗透。研究表明，草地的土壤稳定入渗率比相同土壤条件的裸地大15%～20%，因此雨水渗透主要通过形成绿地洼地，并配合渗水路面和地下渗透管渠等多种组合形式来实现，典型的雨水渗透系统有渗透路面、下凹式绿地、MR系统和渗透管渠。

渗透路面：分为天然渗透路面和人工渗透路面。天然渗透路面主要是指绿地。人工渗透路面主要指各种人工铺设的具有透水性的地面，如多孔的嵌草砖、各种卵石、透水性混凝土路面等，主要优点是布置灵活。可根据需求将其布置于广场、人行道、停车场和休息场所等非机动车和小流量机动车活动的场所。

下凹式绿地：它是目前应用较为广泛的渗透措施，通过调整绿地地面、道路和雨水溢流口的标高，达到雨水渗透的目的。绿地内可根据需要种植植物，将雨水溢流口设置于绿地中，使得绿地标高低于道路标高，雨水溢流口标高介于绿地和道路之间。降雨后的路面雨水径流流入下凹式绿地，绿地蓄渗截流后多余的雨水再流经上凸式雨水箅，然后由雨水管集中收集。采用下凹式绿地渗透收集处理方案相对于直接弃流的工艺，具有增加雨水下渗量、去除雨水污染物、收集雨水利用等优点，但下凹式绿地工艺投资相对较高。

MR系统：盛行于欧洲，它主要是利用明渠将雨水引入由草皮覆盖的浅沟，首先通过下部的砾石层过滤雨水，当雨水超过浅沟地的承载能力时，多余的雨水溢流到路边的渗渠内，再次通过渗渠向周边土壤渗透。由于结合了洼地的短期渗透和渗渠的长期渗透，从而加强了雨水的渗透效果。渗渠内由于填充有多孔材料，加上透水土工布的包裹，相当于对下渗的雨水进行了二次过滤，同时还可以消除地下水位过高和土壤过湿等问题。

渗透管渠：渗透管渠是将传统的非渗透雨水管渠替换为渗透管渠，如钢筋混凝土穿孔管、穿孔塑料管、地面敞开式渗透沟或带盖板的渗透暗渠，在管渠周围回填砾石，并用渗透土工布或反滤层将其包裹，使管渠兼有调蓄、渗透和排泄洪水多种功能。

为了充分发挥雨水的渗透效果，雨水渗透设施的使用需要根据实际地形和地质情况，综合采用多种渗透措施。

②雨水的直接利用。雨水的直接利用是指雨水在被收集后进入相应的循环系统加以利用，主要应用于降雨充沛的地区。雨水直接利用的方式有：

绿色屋顶。屋顶绿化是以建筑物屋顶为平台，在其上铺设一定厚度的人造土、泥炭土、腐殖土等轻型栽培基质（如浮石、蛭石、膨胀珍珠岩、硅藻土颗粒）及输水骨架层，以种植绿色植物来覆盖屋顶的空间绿化形式。利用屋顶的植被和土壤基质作用，大部分的屋顶雨水将被就地拦截，屋顶雨水通过植物和栽培基质的过滤作用，可直接被收集利用，不需要其他的雨水过滤和初期雨水弃流等装置，不仅有效地控制了雨水污染，改善了小区的微气候，同时也营造了良好的空间景观。

雨水蓄积。雨水蓄积就是利用工程手段，将绿地和其他渗透设施无法消化的地表径流收集起来。常用的雨水蓄积方式是修建集中的蓄水池与利用小区的景观水体（如人工湖）蓄水，雨水通过常规的沉淀、过滤和消毒后可直接被回收利用。用景观水体蓄水，景观水体的水经过人工湿地处理后，部分的雨水经过消毒后可用于绿化、冲厕、道路浇洒等。将小区内不能自行流入景观水体的雨水集中收集在地势较低的蓄水池内，当景观水体水位下降后，用泵将蓄水池中的雨水抽至景观水体进行利用。遇到暴雨时，景观水体和蓄水池中的多余雨水溢流至市政雨水管向外排出。对于有条件的居住小区，还可以根据占地情况建造雨水湿地水塘，其处理的原理同污水处理一样。由于湿地水塘的占地面积大、水浅，可以发挥沉淀雨水的作用，加上植物的生长基质对雨水中污染物的吸收和过滤，实现了雨水沉淀和过滤的联合作用。

为实现雨水资源利用的最大化，绿色建筑雨水收集与利用通常采用间接和直接利用相结合的措施。另外，雨水利用是一个系统工程，它牵涉的方面广，影响因素较多，如所在服务区域的面积、气候和地质条件以及雨水利用设施的结构等，因而在设计的过程中需因地制宜，选择合适的雨水利用措施。

雨水在降落和成为地表径流的过程中受到落水下垫面、空气质量、气温、降雨强度、降雨历时、建筑的地理位置等诸多因素的影响，水质情况比较复杂。与中水回收利用相似，雨水经过收集、处理后被资源化利用时，应符合相应的国家水质标准的要求。若雨水用于改善小区景观环境，其水质应符合国家标准《城市污水再利用—景观环境用水水质》的要求。雨水若用于建筑杂用水或城市杂用水，如冲厕、道路清扫、消防、城市绿化、车辆冲洗、建筑施工等杂用时，其水质应符合国家标准《城市污水再生利用—城市杂用水水质》的要求。被处理后的雨水有多种用途时，其水质应按最高水质标准确定。

（三）绿色排水系统设计

广义的绿色排水系统，是指将与环境友好、协调、相容的环保理念及其技术融入排水系统设计之中，或者说是排水的收集、输送、水质的处理和排放等绿色化设施以一定方式组合成的总体。其目的是使排水系统更如畅通、有效，使水的进和排保持平衡。它主要由排水调节网、排水闸、抽排泵站和排水容泄区等组成。

有供水就要有相应的排水，供与排系统畅通无阻，才能保持平衡，这是绿色排水系统设计的基本理念。然而目前，我国局部城乡建筑排水系统方面的设计不太健全和完善，表现为每次下大到暴雨，就会造成区域或整个城市排水不畅，甚至出现洪水倒灌现象。尤其是这些年，各种建筑及城市公共设施建设不仅密度大，还因大量建设工程改变了地形、地貌或排水设施，加之城市“硬质化”使自然渗水能力极差，终使城市排涝功能降低，不堪重负。

以前，尽管没有提过“绿色排水系统设计”一词，但在我国古代文明中从来不缺少真正意义上的绿色设计思考。成都平原在古代是一个水旱灾害十分严重的地方，但著名的都江堰工程使其变成“天府之国”。都江堰位于四川省都江堰市城西，被誉为“世界水利文化的鼻祖”，是中国古代建设并使用至今的大型水利工程。它是由秦国蜀郡太守李冰父子，通过实地勘察地形和水情，在吸取前人治水经验的基础上，率领当地人民修建而成。无论是能够减少西边江水流量并起着分流和灌溉作用的“宝瓶口”工程，还是为了确保岷江水能够顺利东流且保持一定的流量，并充分发挥“宝瓶口”分流和灌溉作用而修建的“分水鱼嘴”工程，还是为了进一步控制流入“宝瓶口”的水量，起到分洪和减灾作用，防止灌溉区的水量忽大忽小不稳定，用于分洪的“平水槽”和“飞沙堰”溢洪道，无不凝聚着中国人民朴素的、天人合一的、与环境和谐共处的绿色思考与设计。都江堰无疑体现了真正的科学思考、设计和建设，是一个完整的、以发展的眼光来考察的，具有十足潜力、造福一方的庞大水利工程体系，如图2-1所示。

图 2-1　世界水利文化的鼻祖——都江堰

再如赣州，三面环水，是赣江的发源地，章江、贡水在这里合流而成赣江，这里自唐末建城以来就为内涝所困。但是，福寿沟排水系统的修建，彻底改变了人们的生活状态。

北宋熙宁年间，刘彝任虔州知军，规划、主持并建设了赣州城区的街道，并根据街道布局、地形特点，采取分区排水的原则，建成了福沟和寿沟两个排水干道系统，服务面积约 2.7 平方千米，形成了一个比较完整的排水干道网。福寿沟工程是一项罕见、成熟、精密的古代城市排水系统。尽管已经历多年的风雨，至今仍完好畅通，并继续作为赣州居民日常排放污水的主要通道而存在着。

据百度百科，福寿沟呈砖拱结构，沟顶分布着铜钱状的排水孔。据测量，现存排水孔最大处宽 1 米、高 1.6 米，最小处宽、深各 0.6 米，与志书上记载基本一致。福寿沟工程主体由三大部分组成：一是用砖石改造原来简易的下水道，下水道成矩形断面，断面宽约 90 厘米，高 180 厘米，顶部由砖石垒盖而成，纵横遍布城市的各个角落，将城市的污水分别排放到贡江和章江。二是将福沟、寿沟与城内的三池（凤凰池、金鱼池、嘶马池）以及清水塘、荷包塘、花园塘等几十口池塘连接起来，既增加了暴雨时的城市雨水调节容量，减少和缩短街道被淹没的面积和时间。同时，还可以利用池塘养鱼，利用淤泥种菜，形成生态环保循环链。三是设置了防止洪水季节江水倒灌的 12 个水窗。这种水窗结构由外闸门、度龙桥、内闸门和调节池 4 个部分组成，当江水上涨时，水力可使外闸门自动关闭，若水位下降到低于水窗时，则借水窗内沟道之水力将内闸门冲开。为了保证窗内沟道畅通且有足够的水压力（冲力），用加大坡度的方法来加大水流速度，进入水窗的水增加流速 2～3 倍，水窗的坡度是 4.25%，比正常下水道大 4.1 倍，这样就保证了水窗内的水保持强大的水压，既可以冲刷走水中的泥沙和杂物，又可以冲开外闸门，将其排入江中。

福寿沟工程设计科学、合理，利用城市地形的自然高差，全部采用自然流向的办法，使城市的雨水、污水自然排入江中和濠塘内。福寿沟集成了城市污水排放、雨水疏导、河湖调剂、池沼串连、空气湿度调节等功能，甚至形成了池塘养鱼、淤泥作为有机肥料用来种菜的生态环保循环链。整个排水网络“纵横纡折，或伏或见”，赣州也因此成为一个不怕水淹的城市。2010 年 6 月 21 日，赣州市部分地区降水近百毫米，市区却没有出现明显内涝，甚至没有一辆汽车被泡水。此时，离赣州不远的广州、南宁、南昌等诸多城市却惨遭水浸。这一切的不同，都源于至今仍发挥作用的以福寿沟为代表的城市排水系统。至今，全长 12.6 千米的福寿沟仍服务着赣州近 10 万的旧城区居民。有专家评价，以现在集水区域入口的雨水和污水处理量，即使再增加三四倍流量也不会发生内涝。福寿沟是我国古代城市建设中极有创造性的城市排水雨污合流制综合工程。

以上两项大型水利设施工程，尽管在地区、年代、用途上有诸多不同，但其共同点就是真正造福一方。为什么古人建设的排水系统历经近千年而不衰，而在经济发达、科技先进的今天，我们的城市排水系统却如此脆弱？何为真正的科学？如何真正实践建筑科学发展观，真正与环境和谐共处？一系列的问题值得思考，尤其是需要建筑人思考。

第二节　绿色建筑与节能环保化选址、节地与室外环境设计

一、绿色建筑与节能环保化选址

在进行绿色建筑与节能环保化选址时应坚持安全性与保护性原则。

安全性的原则是指绿色建筑的选址应保证建筑物和人类的安全，避开危险源和污染源。这些危险源与污染源包括洪灾、泥石流等自然灾害以及有害物质的污染源，如含有氡的土壤和石材，电视广播发射塔、雷达站、通信发射台、变电站、高压电线等电磁辐射源，油库、煤气站、有毒物质车间等易发生火灾、爆炸和毒气泄漏的场所，易产生噪声的学校和运动场地，易产生烟、气、尘、声的饮食店、修理铺、锅炉房和垃圾转运站等。

保护性原则是指绿色建筑的场地选择与建设不应破坏当地文物、自然水系、湿地、基本农田、森林和其他保护区。在建设过程中应尽可能维持原有场地的地形、地貌，保护场地内有价值的树木、水塘、水系，减少场地平整带来的建设投资，减少施工工程量，避免因场地建设对原有生态环境与景观有破坏。对于确实需要改造的场地内的地形、地貌、水系、植被等，在工程结束后，应采取相应的场地环境恢复措施，减少对原有场地环境的改变，避免因土地过度开发而造成对周围整体环境造成破坏。

二、绿色建筑与节地设计

绿色建筑的节地设计包括废弃地与旧建筑的利用和人均用地的控制。废弃地与旧建筑的利用是指在选择绿色建筑场地时应在保证安全性的前提下优先考虑废弃场地与旧建筑，并对原有场地进行检测或处理。城市的废弃地包括不可建设用地（由于各种原因未能使用或尚不能使用的土地，如裸岩、石砾地、陡坡地、盐碱地、沙荒地、废窑坑等）、仓库与工厂弃置地等。选择这些用地是建筑节地的首选措施，既可变废为利，改善城市环境，又基本无拆迁与安置问题。另外，在建筑规划时应充分利用尚可使用的旧建筑，即建筑质量能保证使用或通过少量改造加固后能保证使用安全的旧建筑，以实现物尽其用、节约资源。

人均用地指标是控制建筑节地的关键性指标，应将人均用地指标控制设置在国家标准的上限指标之内。具体的控制方法有三种：一是控制户均住宅面积；二是通过增加中高层住宅和高层住宅的比例，在增加户均住宅面积的同时，满足国家控制指标的要求；三是开发利用地下空间，将地下空间用于布置建筑设备机房、自行车车库、机动车车库、物业用房、商业用房、会所等。

三、绿色建筑与室外环境设计

绿色建筑室外环境设计包括绿化设计，日照、采光与风环境设计，公共服务设施的规划与设计。

（一）绿化设计

绿色建筑的室外绿化不仅具有生态功能，如净化空气、调节温度与湿度、降低噪声等，还具有社会功能，能美化环境，为人类提供休闲娱乐场所。

室外绿化程度通常用绿地率与人均绿地面积来表示。绿地率是指住区范围内各类绿地面积的总和占住区用地面积的比率。绿地率是衡量住区环境质量的重要标准之一。各类绿地面积包括公共绿地、宅旁绿地、公共服务设施所属绿地和道路绿地（道路红线内的绿地），其中包括满足当地绿化覆土要求、方便居民出入的地下或半地下建筑的屋顶绿地。绿色建筑绿地率与人均绿地面积应达到《城市居住区规划设计标准》的相关规定及其他相关标准的要求。

室外绿化植物的配置应优先选择乡土植物。乡土植物具有很强的适应能力，种植乡土植物可确保植物的存活，减少病虫害，能有效降低维护费用，还能体现地方特色，体现本地区植物资源的丰富程度和特色植物景观等。此外，在植物的配置上还应采用包含乔、灌、草相结合的复层绿化，以乔木为主体，配以乔、灌、草，形成富有层次的具有良好生态效益的绿化体系，提高绿地的空间利用率，使有限的绿地发挥最大的生态效益和景观效益。

（二）日照、采光与风环境设计

绿色建筑的室内外日照环境、自然采光和通风条件与室内的空气质量和室外环境质量的优劣密切相关，直接影响居住者的身心健康和居住生活质量。如住宅建筑，为保证基本的日照、采光和通风条件，应满足《城市居住区规划设计标准》中有关住宅建筑日照标准的要求。

日光具有双重性，既有益又有害。太阳辐射的光线包括可见光、红外线和紫外线等。可见光有改善感觉、提高情绪和劳动效率的作用；而不可见光中的红外线和紫外线与人类的健康紧密相关。射线照射人体时，红外线有强烈的热效应，使深层的组织血管扩张，促进血液循环和新陈代谢。直射的紫外线以其强烈的杀菌消毒、促进伤口愈合等作用而显得更为重要。绿色建筑在进行日照环境设计时，可通过合理配置建筑物，选择恰当的楼间距，设计不同的建筑外形来达到建筑室内采光的基本要求，满足室外活动场地在寒冷气候条件下的日照需求，同时避免夏季紫外线辐射强烈对人体造成伤害。如可以通过合理的外部空间组织尽量减小不利影响，在寒冷地带将对日照要求高的部分，如小广场入口、公共活动场地、人行道等置于日照较好的区域，将停车场、后勤场地等置于日照差的地段；可以通过准确地掌握建筑外部空间领域不同时间的阴影变化，而利用阴影的时间差特点，结合外部空间使用的高峰时间、冷落时间，安排各种不同用途的场地，高效率地利用日照条件；在夏季炎热的地区，以构筑物和绿化的形式对强烈的阳光予以遮挡或过滤，给人们提供舒适的活动空间和阴凉的休息环境，从而避免紫外线的伤害。

在进行风环境设计时，一方面要使建筑物及其室外环境保持适当的自然通风，另外还要避免涡旋气流引起风速过大的问题。自然通风对于建筑节能与人体健康十分重要。通风不畅会严重阻碍空气的流动，在某些区域形成无风区或涡旋区，不利于室外散热和污染物的消散，也会阻碍室内外自然通风的顺畅进行，在夏季可能增加空调的负荷。在夏季、过渡季，良好的自然通风有利于提高室外环境的舒适度，可避免夏季由长时间停留在大型室外场所中的恶劣热环境造成的生理不适甚至中暑现象。而高层建筑又带来了再生风和二次风环境问题。在鳞次栉比的建筑群中，建筑单体设计和群体布局不当，有可能导致局部风速过大，行人举步维艰或强风卷刮物体伤人等事故。因而在北方冬季风力较大的地区，应适当建设高层建筑群房，尽量采用能形成封闭性较强的院落空间的手法，合理选择院落开口方向，做好入口处、过街楼处的防风处理，将风导向群房屋面以减少风对地面的影响，从而形成一种高低错落、引导风向的布局效果。

（三）公共服务设施的规划与设计

绿色建筑，尤其是小区绿色住宅建筑，还应考虑公共服务设施的建设问题。居住区配套公共服务设施（也称配套公建）包括教育、医疗卫生、文化体育、商业服务、金融邮电、社区服务、市政公用和行政管理八类设施。住区配套公共服务设施，是满足居民基本的物质与精神生活所需的设施，也是保证居民居住生活品质不可缺少的重要组成部分。配套公共服务设施应考虑集中设置，部分设施如学校、医院等还可与周边小区共享，以达到节约用地、方便使用和节省投资的目的，同时还要符合《城市居住区规划设计标准》的相关规定。此外，在绿色建筑的选址和住区出入口的设置方面还应考虑方便居民充分利用公共交通网络，使住区主要出入口的设置与城市交通网络实现有机连接。

第三章　绿色建筑与节能环保材料

第一节　绿色建筑材料的标准与分类

建筑材料行业是建筑行业的基础，建筑材料是建筑的载体，建筑材料的绿色化也是绿色建筑的基础。建筑材料选择不当，不仅会带来大量的资源与能源消耗与浪费，使建筑规划与设计中节能、节水及环保等方面的体系与技术无法实现，而且会导致环境污染，危害人类健康，致使建筑的绿色化目标难以达成。目前，我国建筑材料的生产和使用过程中的资源与能源消耗高、环境污染严重是导致建筑不可持续发展的原因之一，因而只有采用绿色建材以及相关的技术手段，才能构建绿色建筑，实现节约能源、保护环境的目标。

一、绿色建筑材料的标准

绿色建材又称生态建材、环保建材、健康建材，是指采用清洁卫生的生产技术，不用或少用天然资源和能源，大量采用工业或城市固体废弃物生产的无毒害、无污染、无放射性，达到使用周期后可回收利用，有利于环保和人体健康的建筑材料。绿色建材除了达到产品标准、满足设计要求，在选用时还应符合以下原则：一是节约资源。符合国家的资源利用政策，选用生产过程中单位产品消耗资源量少的建材产品；选用使用寿命长的建材产品；优先选用可回收再用或再生的建材产品；尽可能选用利用废弃物为原料生产的建筑材料；尽量选择使用过程中有利于节约资源的建材产品。二是节约能源。符合国家的节能政策，选用生产过程中单位综合能耗更低的建材；尽量选用本地的建材产品，降低运输能耗；选用有助于降低建筑运行能耗的建材产品。三是保护生态环境。不使用或少使用在生产、运输、使用和废弃的过程中对生态环境造成不利影响的建材产品；选用具有改善环境的生态功能性建材产品。四是健康安全。选用在全生命周期内对人体健康无害的建材产品；选用具有优化室内生态环境，对人体健康有利，有助于提升生活品质的建筑材料。五是构造得力、施工简单。选用构造做法可靠的建材产品；尽可能选用施工工艺简单的建材产品。

二、绿色建筑材料的分类

近年来，建筑中采用的绿色建材包括生态水泥、绿色生态混凝土、绿色涂料、绿色玻璃和其他绿色材料。

（一）生态水泥

水泥是现代建筑中用量最大、用途最广的产品之一，水泥行业也是消耗资源最多，对环境污染最严重的行业之一。生态水泥是以各种固体废弃物包括工业废料、废渣、城市垃圾焚烧灰、污泥及石灰石等为主要原料经过烧成、粉磨形成的水硬性胶凝材料。在生态水泥的加工过程中，用工业废料，如各种金属尾矿（如铅锌尾矿、铜尾矿等）代替部分原材料，用工业废渣配料（如水淬矿渣、磷矿渣、制铝工业废渣、造气渣、城市垃圾焚烧灰渣、下水道污泥等）取代部分石灰石和黏土，还可掺加煤矸石代替黏土，既节约资源，同时又可利用尾矿中的微量元素降低熟料的热耗，减少煤矿的污染与煤耗，从而有效降低成本，提高水泥的质量。近年来开发出的以高炉矿渣、石膏矿渣、钢铁矿渣以及火山灰、粉煤灰等低环境负荷添加料生产的生态水泥，烧成温度降至

1200～1250℃，相比传统水泥可节能 25%以上，二氧化碳总排放量可降低 30%～40%。虽然各种掺合料本身化学成分的变异而造成生态水泥的化学成分有所波动，但其基本矿物组成、性能与普通硅酸盐水泥相差无几。

（二）绿色生态混凝土

绿色生态混凝土是一类特种混凝土，具有特殊的结构与表面特征，它能减小环境负荷，与生态环境相协调，并能为环保作出贡献。通常又称其为环保型混凝土，即能够适应生物生长，对调节生态平衡、美化环境景观、实现人类与自然的协调具有积极作用的混凝土材料。用于绿色建筑的绿色生态混凝土主要包括透水性混凝土、吸音混凝土、防辐射混凝土、绿色高性能混凝土、再生混凝土和植物相容型生态混凝土。

1.透水性混凝土

传统的结构用混凝土都要求具有不透水性，以满足强度和抗渗、抗冻等耐久性的要求。目前我国城市的道路混凝土覆盖率已达到 7%～15%，混凝土路面给人们的生产生活带来了极大的便利，但也给生态环境带来了诸多负面的影响。透水性混凝土是目前研究与应用最多的生态混凝土之一。它的最大特点是具有 15%～30%的连通孔隙，有良好的透气性与透水性，主要用于道路和地面铺装，如用于广场、公园、停车场以及各种体育场地等。使用透水性混凝土，能够使雨水迅速地渗入地表，还原成地下水，使地下水资源得到及时补充，保持土壤湿度，改善城市地表植物和土壤微生物的生存条件；同时透水性路面具有较大的孔隙率，与土壤相通，能蓄积较多的热量，有利于调节城市空间的温度和湿度，消除热岛现象；当集中降雨时，能够减轻排水设施的负担，防止路面积水和夜间反光，提高车辆、行人的通行舒适性与安全性；大量的孔隙还能够吸收车辆行驶时产生的噪声，创造安静舒适的交通环境。这种混凝土最早源于欧洲，现在在德国、日本、美国等国家得到了广泛的应用。

2.吸音混凝土

吸音混凝土具有连续、多孔的内部结构，具有较大的内表面积，与普通的密实混凝土组成复合构造。多孔的吸音混凝土直接暴露面对噪音源，入射的声波一部分被发射，大部分则通过连通孔隙被吸收到混凝土内部，其中有一小部分声波由于混凝土内部的摩擦作用被转换成热能，而大部分声波透过多孔混凝土层，到达多孔混凝土背后的空气层和密实混凝土板表面再被发射，而这部分被发射的声波从反方向再次通过多孔混凝土向外部发散。经过多次发射的声波与入射的声波具有一定的相位差，由于干涉作用相互抵消一部分，对减小噪音效果显著。吸音混凝土主要用于机场、高速公路、高速铁路两侧、地铁等产生恒定噪声的场所，能明显地降低交通噪声，改善出行环境以及交通设施周围的居住环境。

3.防辐射混凝土

防辐射混凝土掺入了金属粉末、导电纤维等低电阻导体材料，在提高混凝土结构性能的同时，能够屏蔽和吸收电磁波，降低电磁辐射污染，提高室内电视影像和通信质量。随着人们对电磁辐射污染认识的不断提高与重视，防辐射混凝土、屏蔽混凝土逐渐在实际建筑工程中有所应用。如日本在混凝土中掺入碳纤维制出预制板，将其成功应用在高层楼房的屏蔽围护结构上。

4.绿色高性能混凝土

绿色高性能混凝土通过合理的设计以及适当的使用方法，提高混凝土的耐久性和建筑物的寿命以达到降低环境负荷的目的。绿色高性能混凝土是一种既具有高性能、高耐久性和高强度，又有利于保护环境、节约能源，有益于人的身体健康的新型混凝土。这种混凝土在正常环境中使用寿命为 200 年，通过合理设计和使用，可以使建筑物的寿命保持在 100 年以上，大大延长了建筑物的安全使用寿命，避免了建筑物的拆除和再建设施工的次数，从而降低了能源和资源的消耗；而且具有较好的性价比，可大幅度降低建造成本，维护费也较低。

5.再生混凝土

再生混凝土是将废混凝土、废砖块、废砂浆经过特殊处理工艺制成再生骨料，用其部分或全部代替天然骨料配制而成的。再生混凝土不仅能够从根本上解决大部分建筑废料的处理问题，同时还能减少运输量和天然骨料使用量，从而达到节约资源和保护生态环境的目的。如利用工业固体废弃物，如锅炉煤渣、火力发电厂的粉煤灰等工业废料作为骨料，采取一定技术措施制备的轻质混凝土，其密度较小，相对强度高，保温、抗冻性能好，还降低了混凝土的生产成本。但再生混凝土的强度一般不高，主要用于基础、路面和非承重结构，但若严格控制混凝土配合比和再生骨料的掺合量，也可配制出强度较高的再生混凝土，满足承重结构混凝土的要求。

6.植物相容型生态混凝土

植物相容型生态混凝土有连续的空隙，利用空隙部位的透气、透水等性能，使用特殊的工艺技术填充无机培养土、肥料和种子等混合生长基料，施工后，种子发芽和生长所需要的水分，除靠保存在生长基料中的雨水外，还可吸收植物混凝土下面的基层培养土中的水分，不需要另外浇水，这样既实现了绿化，又能防止构筑物表面被污染和侵蚀。植物相容型生态混凝土还具有相当好的透水性能，雨水可向地下渗透，这样既可以补充地下水资源，还可以减少城市市政雨水管道的排水压力。

（三）绿色涂料

涂料也是主要的建筑原料之一，用于建筑物的内墙和外墙。建筑涂料具有装饰功能、保护功能和居住性改进功能。国内传统的涂料普遍存在悬浮稳定性差、不耐老化、耐洗刷性差、光洁度不高等缺陷。

绿色涂料是指无毒、无害，具有隔热、阻燃、防紫外线、防辐射、防虫、防霉等突出功能的涂料，其防潮、透气、抗冻、耐擦、抗湿、耐腐蚀以及附着力强等性能十分明显，其使用寿命比传统涂料至少多 5 年，其突出特征是对人体无害，是一种特别适用于对气候、湿度、日照较为挑剔的建筑物的高性能涂料。绿色涂料又分为水性涂料、无溶剂涂料、高固含量溶剂型涂料、粉末涂料。

1.水性涂料

水性涂料是以无毒的水代替有毒的有机物作为涂料溶剂的涂料。水性涂料中挥发性有机物含量低，不含有重金属化合物，产品生产过程中不添加甲醛和聚合物，不仅可以降低涂料的成本和施工中有机溶剂导致的火灾发生率，也可大大减少或消除涂料对大气的污染。水性涂料包括水溶性涂料、水稀释性涂料、水分散性涂料（乳胶涂料）三种。水性涂料中以水分散性涂料品种最多，具有储存稳定性好、性能较优、使用方便等优点，因而被广泛开发和使用。

2.无溶剂涂料

无溶剂涂料又可称为活性溶剂涂料，指溶剂最终成为涂膜组分，在固化成膜过程中不向大气中排放挥发性有机化合物（volatile organic compounds，简称VOC），能改善环境污染的涂料。无溶剂涂料包括粉末涂料和光固化涂料。如100%固体聚氨酯涂料、聚脲涂料、环氧树脂及其改性涂料、有机硅涂料等。无溶剂涂料不仅具有耐化学药品性、优异的物理性能，而且施工操作方便。无溶剂涂料的反应速率非常快，涂膜在几秒内就可以同化，能在较短的时间内重复喷涂，可满足高涂膜厚度的需求。

3.高固含量溶剂型涂料

高固含量溶剂型涂料是在利用原有的生产方法、涂料工艺的前提下，降低有机溶剂用量，从而提高固体组分的涂料。通常低固含量溶剂型涂料固体含量为30%～50%，而高固含量溶剂型涂料要求固体含量达到65%～85%，从而满足日益严格的挥发性有机化合物含量限制。在配方过程中，把一些不在挥发性有机化合物含量之列的溶剂（如丙酮等）作为稀释剂是一种对严格的挥发性有机化合物限制的变通。

4.粉末涂料

粉末涂料就是不含有机溶剂，固体成分含量为 100%的涂料。粉末涂料归为绿色涂料是由于其 VOC 接近于零，且比传统溶剂型涂料的综合效能高，可达 90%以上。节能降耗可达 30%～50%，涂层耐候、耐久和耐化学性优越，使其品种和产量在不断提高和扩大。粉末涂料产量仅次于水性涂料，约占总量的 20%。粉末涂料除了具有无溶剂 VOC 污染的优点，还可进行涂装后回收利用过喷粉末，克服了涂料喷涂过程中过喷浪费现象，提高了涂料利用率。粉末涂料现以其完全不含溶剂、涂装效率高、保护和装饰综合性能高等特点，受到全世界的重视，得以飞速发展。

近几年，我国建筑涂料市场上还出现了许多具有特殊功能的新品种。如内墙有低挥发性有机化合物（或零挥发性有机化合物）涂料，有杀虫、杀菌、吸附异味、释放负离子涂料等；外墙有弹性涂料、隔热保温涂料、自洁涂料，可降解氮氧化物、二氧化硫环保涂料，钢结构防火涂料，防腐涂料等。这些涂料性能独特，对环境友好，具有保温、节约成本等一系列传统涂料不具备的特点，均有一定的发展前景。

（四）绿色玻璃

建筑玻璃是现代建筑采光的主要媒介，具有不可替代性。普通平板玻璃透光性很好，但太阳光在普通平板玻璃的可见光谱和近红外线部分的透过率都很高。目前研发并应用于实体工程的中空玻璃、真空玻璃、低辐射玻璃、智能玻璃等绿色玻璃不仅使用寿命长，而且节能效果大为改进。

1.中空玻璃

中空玻璃是目前被广为采用的节能玻璃。中空玻璃是将两块或两块以上的玻璃边部密封在一起，玻璃之间形成静止干燥气体，并且有一定的真空性能。玻璃之间的干燥气体可以是空气层，也可以用氩、氪等成本较高、热导率更小的惰性气体代替。中空玻璃具有良好的隔热、隔音性能，并可降低建筑物自重。

2.真空玻璃

真空玻璃是将两片平板玻璃四周密闭起来，将其间隙抽成真空并密封排气孔。两片玻璃之间的真空状态使其传热系数大为降低，而且两片真空玻璃中一般至少有一片是低辐射玻璃，这样就将通过真空玻璃以传导、对流和辐射方式散失的热降到最低，使其在节能性能方面比中空玻璃又进了一步。

3.低辐射玻璃

低辐射玻璃是一种表面镀膜玻璃，在可见光范围内透过率高、反射率小、太阳热能的获得率高，而在近红外和远红外区反射率很大、透过率小，它的辐射系数比玻璃原片小得多。低辐射玻璃可让80%的可见光进入室内被物体所吸收，同时又能将90%以上的室内物体所辐射的长波保留在室内，因而可大幅度降低室内热量向寒冷的室外空间散发和辐射。用低辐射玻璃制成的中空玻璃或真空玻璃，可以降低热传导和热辐射作用，大大降低了窗玻璃的传热系数，可阻挡高温场向低温场的热流辐射，既可以防止夏季热能入室，又能防止冬季热能泄漏，具有很好的蓄热、保温作用，节能效果非常显著。此外，低辐射玻璃用于玻璃幕墙还能减少反射光引起的光污染。

4.智能玻璃

智能玻璃是一种新型节能材料，利用致变色原理制成。它通过玻璃上的致变色材料调节太阳光透过率，达到节能的效果。当作用于调光玻璃上的光强、温度、电场或电流发生变化时，调光玻璃的性能将发生相应的变化，从而可以在部分或全部太阳能光谱范围内实现高透过率状态和低透过率状态间的可逆变化。智能玻璃能使正午朝南方向的窗户，随着阳光辐射量的增加自动变暗，而处在阴影下的其他朝向窗户开始变明亮。致变色材料根据作用原理不同可分为光致变色、电致变色、热致变色及液晶基等多种类型。但是，只有在无色透明和着色之间可逆变化的材料才可用于调光玻璃。智能玻璃用于窗户中能实现节能降耗，用于玻璃幕墙中能减少光污染。

（五）其他绿色材料

建筑中除了上述材料，还会用到其他的绿色建材，如保温材料，有发泡型聚苯乙烯板、岩棉板、玻璃棉板、浆体状保温隔热材料、加气混凝土空心砖、碳纤维电热板等；防水材料，如防水涂料、渗透结晶型防水材料、塑料防渗补漏剂、聚乙烯双面复合防水卷材等；绿色化学建材，如天然织物墙纸，高密度聚乙烯、聚丙烯等树脂制成的给水管道等，聚氯乙烯塑料门窗及防水卷材等，以及太阳能转换材料。此外，发达国家开发出许多绿色建材新产品，如可以抗菌、除臭的光催化杀菌、防霉陶瓷，可控离子释放型抗菌玻璃。这些材料用于居室，尤其是厨房、厕所以及鞋柜等容易滋生细菌和霉菌的地方，是改善居室生活环境的理想材料，也是公共场所理想的装饰装修材料。

第二节　绿色建筑围护结构节能材料

围护结构是指建筑及房间各面的围挡物，如门、窗、墙等，能够有效抵御不利环境的影响。通常将围护结构分为透明与不透明两个部分：不透明围护结构有墙、屋顶和楼板等；透明围护结构有窗户、天窗和阳台门等。此外，根据围护结构在建筑物中的位置，又可分为外围护结构和内围护结构，外围护结构包括外墙、屋顶、侧窗、外门等，用于抵御风雨、温度变化等，应具有保温、隔热、隔声、防水、防潮、耐火、耐久等性能。内围护结构如隔墙、楼板和内门窗等，起分隔室内空间作用，应具有隔声、隔视线以及某些特殊要求的性能。

绿色建筑围护结构在绿色建筑的整个体系中的应用非常广泛，好的绿色建筑围护结构在起到一般作用的同时，还能在节能环保方面发挥巨大作用。

一、墙体节能材料

在绿色节能建材的外围护构造中，墙体节能材料的应用和前景最广泛。墙体是建筑物的外围护结构，传统的围护材料主要是实心黏土砖。由于黏土砖对土地资源消耗较大，对环境破坏严重，目前我国已出台强制淘汰实心黏土砖政策。节能墙体可以替代传统的外墙围护结构，通过加强建筑围护结构的保温隔热性能，减少空气渗透和建筑热量散失，从而达到节能的效果。

目前墙体节能主要分为两大类：内保温墙体节能和外保温墙体节能。

（一）内保温墙体节能材料

在实施建筑节能设计标准的初期，普遍采用内保温的方法。选用的材料品种较多，如珍珠岩保温砂浆、充气石膏板、珍珠岩保温砖、各种聚苯夹芯保温板等。常用的内保温做法主要有三种：

①贴预制保温板。

②增强粉刷石膏聚苯板内保温，这种方法即在墙上粘贴聚苯板，用粉刷石膏做面层，面层厚度为 8～10 mm，用玻纤网格布进行增强。

③胶粉聚苯颗粒保温浆喷涂法，即在基层墙体上经界面处理后直接喷涂或涂抹聚苯颗粒保温浆料，再在其表面做抗裂砂浆面层，用玻纤网格布增强。这种施工方法，保温层具体厚度应根据工程实际情况进行确定。

内墙体保温由于其主要作用部位在室内，故较为安全方便，技术性能要求没有墙体外保温那么严格，造价较低，施工方便；室内连续作业面不大，多为干作业施工，有利于提高施工效率、减轻劳动强度。但其在长期的内保温施工中也暴露出了几大问题：一是热工效率较低，外墙有些部位如丁字墙、圈梁处难以处理而形成“冷桥”，使保温性能降低；二是保温层在住户室内，对二次装修、增设吊挂设施带来麻烦，一旦出现问题，维修时对住户影响较大；三是墙体内保温占室内空间，室内使用面积有所减少。

（二）外保温墙体节能材料

保温隔热材料是常用的绝热材料之一，建筑物绝热是绝热工程的一部分。通常的绝热材料是一种质轻、疏松、多孔、热导率小的材料。外墙外保温材料是保温隔热材料的一大分支，随着外墙外保温体系优点的不断突出以及该体系性能的不断发展，外墙外保温技术将成为墙体保温发展的主要方向。

外保温节能墙体克服了墙体内保温的不足，薄弱环节少，热工效率高；不占室内空间，对保护结构有利，既适用于新建房屋，更适合既有建筑的节能改造。尽管目前外保温做法的工程造价要略高于内保温做法，但若以性能价格比衡量，外保温优于内保温。

墙体外保温的原理主要是利用静止的空气进行保温，大部分气体都包括在其中。如二氧化碳、氮气等。这些气体热导率很低，通过采用固体材料的特殊结构对空气的流动性和透红外性能加以限制，从而达到保温目的。下面介绍几种常用的墙体外保温节能材料：

①膨胀珍珠岩及制品。膨胀珍珠岩及制品是以珍珠岩为骨料，配合适量黏结剂，如水玻璃、水泥、磷酸盐等。经搅拌、成型、干燥、焙烧（一般为650℃）或养护而成的具有一定形状的产品。其研究应用比玻璃棉、矿棉晚，但发展速度较快。膨胀珍珠岩在一段时期内曾受到岩棉产品的冲击，但由于其价格和施工性能上具有的优势，仍在建筑和工业保温材料中占有较大的比重，约占保温材料的44%。

白云质泥岩的焙烧熟料和膨胀珍珠岩，添加少量的煅烧高岭石或粉煤灰，制备膨胀珍珠岩保温材料的表观密度在320～350 kg/m³之间，抗压强度在0.48～0.62 MPa之间，质量含水率在2.1%～2.7%之间，热导率在0.076～0.086 W/（m·K）之间。另外，以膨胀珍珠岩作骨料，水玻璃作黏结剂，高岭土、混凝土、粉煤灰和石灰作添加剂，制得一种很好的保温材料，热导率在 0.065～0.074 W/（m·K）之间，吸水率在 0.24%～0.36%之间。

②复合硅酸盐保温材料。复合硅酸盐保温材料是一种固体基质联系的封闭微孔网状结构材料，主要是采用火山灰玻璃、白玉石、玄武石、海泡石、膨润土、珍珠岩等矿物材料和多种轻质非金属材料，运用静电原理和湿法工艺复合制成的憎水性复合硅酸盐保温材料。其具有可塑性强、热导率低、容重轻、粘接性强、施工方便、小污染环境等特点，是新型优质保温绝热材料。复合硅酸盐保温材料在 75%相对湿度，环境温度为 28℃时的吸湿率为 1.8%。其抗压强度大于 0.6 MPa，抗折强度大于 0.4 MPa，在高温 600℃下抗拉强度大于 0.05 MPa。这种材料的粘接强度大，保温层在任何场合都不会因自身重量而脱落。其中，海泡石保温涂料是一种新兴的保温材料，具有易吸附空气的特点而使之处于相对稳定状态的链层结构，是一种很好的保温基料，再与其他辅料合理配合，即形成硅酸盐保温涂料。

海泡石有以下优点：热导率低，一般小于 0.07 W/（m·K）（常温），保温涂层薄、无毒、无尘、无污染、不腐蚀；适应温度范围为-40～800℃，防水、耐酸碱、不燃；施工方便，可喷涂、涂抹，冷热施工均可；不需包扎捆绑，尤其便于异型设备内（如阀门、泵体）的保温，粘接性好；干燥后呈网状结构，有弹性、不开裂、不粉化，可用于运转振动的设备保温。将海泡石应用于实际生产，取得很好的经济效益。

③酚醛树脂泡沫保温材料。酚醛树脂泡沫具有热导率低、力学性能好、尺寸稳定性优、吸水率低、耐热性好、电绝缘性优良、难燃等优点，尤其适合于某些特殊场合作隔热保温材料或其他功能性材料。在阻燃、隔热方面，酚醛树脂可以长期在 130℃下工作，瞬时工作温度可达 200～300℃，这与聚苯乙烯发泡材料的最高使用温度 70～80℃相比，具有极大的优越性。同时，酚醛树脂泡沫保温材料在耐热方面也优于聚氨酯发泡材料。合成的酚醛树脂可通过控制发泡剂、固化剂和表面活性剂的量来控制发泡体的质量。酚醛树脂与其他材料共混改性，可以制备出性能极其优良的复合保温材料。如以酚醛泡沫塑料为胶结

剂，泡沫聚苯乙烯颗粒为填料，结合其他添加剂合成具有力学性能好、难燃、工艺简单和成本低等优良特性的复合材料，它的耐久系数可达到 0.82，使用年限可达 20 年。欧洲、美国、日本等国家和地区在这方面的研究应用已比较成熟。

④聚苯乙烯塑料泡沫保温材料。聚苯乙烯泡沫塑料（EPS）是由聚苯乙烯（1.5%～2%）和空气（98%～98.5%）、戊烷作为推进剂，经发泡制成。其具有密度范围宽、价格低、保温隔热性优良、吸水性小、水蒸气渗透性低、吸收冲击性好等优点。聚苯乙烯泡沫板及其复合材料由于价格低廉、绝热性能好，热导率小于 0.041 W/（m・K），而成为外墙绝热及饰面系统的首选绝热材料。

⑤硬质聚氨酯泡沫保温材料。硬质聚氨酯泡沫（PURF）热导率仅为 0.020～0.023 W/（m・K）之间，因此将该材料应用于建筑物的屋顶、墙体、地面，作为节能保温材料，其节能效果将非常显著。如以异氰酸酯、多元醇为基料，适量添加多种助剂的硬质聚氨酯防水保温材料，其表观密度为 35～40 kg/m^3，其抗压强度在 0.2～0.3 MPa 之间。

⑥纳米孔硅保温材料。随着纳米技术的不断发展，纳米材料越来越受到人们的青睐。纳米孔硅保温材料是纳米技术在保温材料领域内新的应用，组成材料内的绝大部分气孔尺寸宜小于 50 nm。根据分子运动及碰撞理论，气体的热量传递主要是通过高温侧较高速度的分子与低温侧的较低速度的分子相互碰撞传递能量。由于空气中的主要成分氮气和氧气的自由程度均在 70 nm 左右，纳米孔硅质绝热材料中的二氧化硅微粒构成的微孔尺寸小于这一临界尺寸时，材料内部就消除了对流，从本质上切断了气体分子的热传导，从而可获得比无对流空气更低的热导率。纳米孔硅的生产工艺一般比较复杂，例如超临界干燥法、Kistler 法等。

除了上述保温材料，膨胀蛭石、泡沫石棉、泡沫玻璃、膨胀石墨保温材料、铝酸盐纤维以及保温涂料等在我国也有少量生产和应用，但由于在性能、价格、用途诸方面的竞争力稍差，在保温材料行业中只起着补充与辅助的作用。

目前我国外墙保温技术发展很快，是节能工作的重点。外墙保温技术的发展与节能材料的革新是密不可分的，建筑节能必须以发展新型节能材料为前提，必须有足够的保温绝热材料作为基础。所以，在大力推广外墙保温技术的同时，要加强新型节能材料的开发和利用，从而真正地实现建筑节能。

二、屋面节能材料

建筑屋面是建筑组成的必不可少的部件之一，同时也是设计上的一个重点。屋面是房屋最上层的外围护结构，其建筑功能是抵御自然界的风霜雨雪、太阳辐射、气温变化和其他外界的不利因素，使屋顶覆盖下的空间有良好的使用环境。因此，良好的屋面设计对于建筑的功能与使用来说十分重要。

屋面按使用功能可分为：住宅屋面、工业建筑屋面和公共建筑屋面。在设计和施工中，又将屋面按排水坡度的不同分为平屋面和坡屋面。一般平屋面的坡度在 5%以下，坡屋面的坡度则在 10%以上。

对房屋而言，屋面主要有防雨防漏、隔热保温、装饰性三大方面的功能。

屋面作为一种建筑物外围护结构，所造成的室内外温差传热耗热量大于任何一面外墙或地面的耗热量。因此，提高建筑屋面的保温隔热能力，能有效抵御室外热空气传递，减少空调能耗，这也是改善室内热环境的有效途径。

用于屋面的保温隔热材料有很多，保温材料一般为轻质、疏松、多孔或纤维材料，按其形状可分为以下三种类型：

①松散保温材料。常用的松散保温材料有膨胀蛭石（粒径 3～15 mm）、膨胀珍珠岩、岩棉、矿棉、玻璃棉、炉渣（粒径 3～15 mm）等。

②整体现浇保温材料。采用泡沫混凝土、聚氨酯现场发泡喷涂材料，整体浇筑在需要保温的部位。

③板状保温材料。如加气混凝土板、泡沫混凝土板、膨胀珍珠岩板、膨胀蛭石板、矿棉板、岩棉板、木丝板、刨花板、甘蔗板等。有机纤维材料的保温

性能一般较无机板好，但耐久性较差，只有在通风条件良好、不易腐烂的情况下使用才较为适宜。

三、门窗节能材料

建筑门窗是建筑围护结构的重要组成部分，是建筑物热交换、热传导最活跃、最敏感的部位，其热损失量是墙体热损失量的 5～6 倍。

建筑门窗的发展，经历了几个不同的阶段：

①单层窗阶段，最初的玻璃门窗都是单层玻璃的，尽管透明且防风，但保温性能与金属一样差。其散热率很高，可以很快以红外线吸收和辐射热量。在寒冷的天气，室内外的温差不大。

②双层玻璃阶段，双层玻璃窗也称保温玻璃窗，是利用两块玻璃之间的空气间层有效阻隔热的传导，增加窗的热阻，达到保温隔热的效果。

③镀膜玻璃阶段，这种窗采用低散射镀膜，镀于密闭的空气接触的内层玻璃表面上。这种镀膜可使向外散射的热量反射回屋里，从而达到保温隔热的目的。

目前最先进的是超级节能门窗，这种门窗是在低散射窗的基础上发展起来的，即在低散射窗的两层玻璃间抽真空，或者用透明绝热材料填充，这可以使门窗的热阻大大提高。这种超级节能门窗还可以成为一种热源，白天吸收阳光的能量，没有阳光时就可以成为提供能源的供热装置。也就是说，保温墙体只能被动地防止散热，而超级节能门窗可以从阳光中获得能量。

（一）窗框节能材料

1.PVC 塑料门窗

PVC 塑料门窗是聚氯乙烯树脂（Polyvinyl chlorid，简称 PVC）异型材挤出的重要品种之一。它通过挤出机连续挤出生产中间有插入玻璃的啮口异型材，然后经过切割和高频焊接组装成门窗。窗玻璃同 PVC 异型材之间使用橡胶或 PVC 软质嵌条作为缓冲密封条。

PVC 塑料门窗的优点有：①经久耐用，可正常使用 30～50 年；②形状和尺寸稳定，不松散、不变形（钢、木门窗在这方面就差得多）；③塑料门窗的气密封性和水密封性大大优于钢、木门窗，前者比后者气密封性高 2～3 个等级；水密封性高 1～2 个等级；④具有自阻燃性，不能燃烧；有自熄性，有利于防火；⑤隔噪声性能好，达 30 dB，而钢窗隔噪声只能达到 15～20 dB；⑥隔热保温性能好，单层玻璃的 PVC 窗传热导率 K 值为 4～5 W/（m・K）（国家标准 4 级），装双层玻璃的 PVC 窗的 K 值为 2～3 W/（m・K）（国家标准 2 级），而装单层玻璃的钢、铝窗 K 值只能达到国家标准 6 级，装双层玻璃的钢、铝窗只能达到国家标准 3～4 级，因此冬季采暖、夏季空调降温时 PVC 塑料窗可节能 25%以上；⑦外观美，质感强，易于擦洗清洁；⑧使用轻便灵活，抗冲击，开关时无撞击声。

PVC 塑料门窗的缺点有：①采光面积比钢窗小 5%～11%；②装单层玻璃时价格比钢窗贵 30%～50%。但在寒冷地区一樘装双层玻璃的 PVC 窗与装两樘单层玻璃的钢窗相比，两者费用大体相当，而双层玻璃的 PVC 塑料窗的保温、采光比两樘单层玻璃的钢窗更好。

2.铝塑复合窗

铝塑复合门窗，又叫断桥铝门窗，是继铝合金门窗、塑钢门窗之后一种新型门窗。断桥铝门窗采用隔热断桥铝型材和中空玻璃，仿欧式结构，外形美观，具有节能、隔声、防尘、防水功能。这类门窗的传热系数 K 值为 3 W/（m・K）以下，比普通门窗热量散失减少一半，降低取暖费用 30%左右；隔声量达 29 dB 以上；水密性、气密性良好，均达国家 A1 类窗标准。

铝塑复合双玻推拉窗的结构特点是外侧的铝型材和室内侧的塑料型材用卡接的方法结合，镶双层玻璃后，室外为铝窗，室内为塑料窗，发挥了铝、塑两种材料各自的优点，综合性能较好，具有良好的保温性和气密性，比普通铝合金窗节能50%以上。此外，铝塑型材不易产生结露现象，适宜大尺寸窗及高风压场合及严寒和高温地区使用。但其线膨胀系数较高，窗体尺寸不稳定，对窗户的气密性能有一定影响。

（二）节能玻璃

在建筑门窗中，玻璃是构成外墙材料最薄的，也是最容易传热的部分。因此，选择适当的玻璃品种是进行门窗节能控制的一项重要措施。节能玻璃主要有热反射玻璃、中空玻璃、吸热玻璃、泡沫玻璃和太阳能玻璃等几个种类，以及目前推广应用的玻璃替代品——聚碳酸酯板（Polycarbonate board，简称PC板）等。

1.热反射玻璃

热反射玻璃是节能涂抹型玻璃最早开发的品种，又称镀膜玻璃，其采用热解法、真空法、化学镀膜法等多种生成方法在玻璃表面涂以金、银、铜、铬、镍、铁等金属或金属氧化物薄膜或非金属氧化物薄膜，或采用电浮法、等离子交换法向玻璃表面渗入金属离子用于置换玻璃表面层原有的离子而形成热反射膜。该薄膜对光学有较好的控制性能，尤其是对阳光中红外光的反射具有节能意义，对太阳光有良好的反射和吸收能力，普通平板玻璃的辐射热反射率为7%～8%，而热反射玻璃高达30%左右。

热反射玻璃可明显减少太阳光的辐射能向室内的传递，保持稳定室内温度，节约能源。在夏季光照强的地区，热反射玻璃的隔热作用十分明显，可有效衰减进入室内的太阳热辐射，但不适用于寒冷地区，因为这些地区需要阳光进入室内采暖。

热反射镀膜玻璃的主要特性是只能透过可见光和部分 0.8～2.5μm的近红外光，对 0.3μm以下的紫外光和 3μm以上的中、远红外光不能透过，即可以将大部分太阳能吸收和反射掉，降低室内的空调费用，达到节能效果。热反射玻璃可以获得多种反射光，可以将四周建筑及自然景物映射到彩色的玻璃幕墙上，使整个建筑物显得缤纷绚丽，宏伟壮观。另外，该产品有减轻眩光的良好作用，使工作及居住环境更加舒适。单片热反射玻璃可直接用在幕墙工程中，也可用来制造中空玻璃、夹层玻璃。如采用热反射玻璃与普通透明平板玻璃制造的中空玻璃来制造玻璃幕墙，其遮蔽系数仅有约 10%，而传热系数约为 1.74 W/（m•K），接近 240 mm 厚砖墙的保温性能。

在幕墙施工时，要注意镀膜玻璃的镀膜面应朝向室内。镀膜的判别可用一支铅笔垂直立在某一平面上，观察其倒影位置：如倒影与铅笔相交，则面为镀膜面；如倒影与铅笔错开，则该面为未镀膜面。

2.吸热玻璃

吸热玻璃从 20 世纪 80 年代起开始逐步推广使用，是一种既能吸收大量红外线辐射能，又能保持良好可见光透过率的平板玻璃，其节能原理是通过吸收阳光中的红外线使透过玻璃的热能衰减，从而提高了对太阳辐射的吸收率，对红外线的透射率很低。

吸热玻璃因配料加入色料不同，故产品颜色多种多样，如蓝、天蓝、茶，灰、蓝灰、金黄、蓝绿、黄绿、深黄、古铜、青铜色等。吸热玻璃有如下特点：

①吸热玻璃的厚度和色调不同，对太阳辐射的吸收程度也不同，依据地区日照情况可以选择不同品种的吸热玻璃，以达到节能的目的。

②吸热玻璃比普通玻璃吸收可见光多一些，所以能使刺目的阳光变得柔和，它能减弱入射太阳光的强度，达到防止眩光的作用。

③吸热玻璃透明度比普通平板玻璃稍微低一些，能使人们清晰观察室外景物。

④吸热玻璃除了能吸收红外线，还有显著减少紫外线光透过的作用，可以防止紫外线对室内物品的辐射而出现退色、变质的现象。

⑤吸热玻璃绚丽多彩，能增加建筑物的美观效果。

3.中空玻璃

中空玻璃是由两片或多片玻璃粘接而成的，两片或多片玻璃其周边用间隔框分开，并用密封胶密封，使玻璃层间成为干燥的气体存储空间，具有优良的保温隔热与隔声特性。当在密封的两片玻璃之间形成真空时，玻璃与玻璃之间的传热系数接近于零，即为真空玻璃。中空玻璃有如下特点：

①光学性能若选用不同的玻璃原片，可以具有不同的光学性能，一般可见光透光范围在 80%左右。

②防止结露。如果室内外温差比较大，则单层玻璃就会结露；而双层玻璃，露水则不易在其表面凝结。与室内空气相接触的内层玻璃，由于空气隔离层的影响，即使外层玻璃很冷，内层玻璃也不易变冷，所以可消除和减少在内层玻璃上结露。中空玻璃露点可达－40℃，实践和测试的结果表明，在一般情况下结露温度比普通窗户低 15℃左右。

③隔声性能优良，可以大大减轻室外的噪声通过玻璃进入室内，可减低噪声 27～40 dB，可将 80 dB 的交通噪声降至 50 dB 左右。

④热工性能。中空玻璃的整个热透射系数几乎减少到一层玻璃的一半，因为它在两片玻璃之间有一空气层隔离。由于室内外温差的减少和空气效率的提高，热透射能减少，这是中空玻璃最本质的特征。

一般单片的中空玻璃至少有一片是低辐射玻璃，低辐射玻璃可以减少辐射传热，通过结合中空玻璃和低辐射玻璃优点，中空玻璃对流、辐射和传导都很少，节能效果非常好，比普通中空玻璃节约能源 18%，是目前节能效果理想的玻璃材料。中空玻璃原片玻璃厚度可采用 5 mm、6 mm、8 mm、10 mm，空气层厚度可采用 6 mm、9 mm、12 mm。

使用热反射玻璃、吸热玻璃、Low-E 玻璃、夹层玻璃和钢化玻璃制成的中空玻璃，安装时要注意分清正反面，如当外侧采用镀膜玻璃时，镀膜面应向空气层。中空玻璃的安装施工应严格按照有关施工规范的要求进行：一是要防止玻璃受局部不均匀力的作用发生破裂；二是中空玻璃与安装框架间不能有直接接触；三是镶嵌中空玻璃的材料必须是不硬固化型的，且不会与中空玻璃密封胶产生化学反应。安装中空玻璃时工作温度严格要求在 4℃以上，不得在 4℃

以下的温度进行安装施工。为了更好地利用中空玻璃的节能特性，可采用由热反射玻璃和热吸收玻璃组成的中空玻璃产品。

4.聚碳酸酯板

又被称为PC板、透明塑料片、阳光板或耐力板，它与玻璃有相似的透光性能，它具有耐冲击、保温性能好、能冷成型等主要特点，是较理想的采光顶材料。目前，它又被用来作为封闭阳台的围护栏板以及雨篷门斗、隔断、柜门等，并可替代门窗和幕墙玻璃，由于它具有安全、通透、保温、易弯曲、质轻、抗冲击、色彩多变等优点，在现代建筑中得到广泛应用。

PC板的缺点是随时间的推移有变黄现象，表面耐磨比玻璃差，线膨胀系数是玻璃的7倍，在温度变化时伸缩比较明显。但随着生产工艺和加工技术的不断提高以及材料配方的进一步改进，其产品质量稳定性和使用性能也在不断提高。

①光学特性。PC板对阳光有良好的透射性能，其透光率详见表3-1。

表3-1 PC板的透光率

板厚/mm	单层透明板/%	单层着色板/%	双层透明板/%	双层着色板/%
3	86	50	—	—
5	84	50	—	—
6	82	50	82	36
8	79	50	82	36
10	76	50	81	36

②PC板的力学性能。PC板的力学性能见表3-2。

表3-2 PC板的力学性能

抗拉刚度/MPa	抗压强度/MPa	抗弯强度/MPa	弹性模量/MPa	延伸率/%
54	86.1	纵：61.29，横：59.34	纵：1392.22，横：1365.93	>50%

③抗冲击性能。PC 板的冲击强度为普通玻璃的 100 倍，为有机玻璃的 30 倍。正是由于 PC 板具有良好的透光性、超强的抗冲击性，把 PC 板用于公共建筑、工业建筑、民用建筑的安全采光材料较适合。

④隔热性能。PC 板的传热系数见表 3-3。

表 3-3　PC 板的传热系数

双层 PC 板厚度/mm	6	8	10	12	14
传热系数/［W/（m²·h）］	3.6	3.2	3.1	3	2.8
单 PC 板厚度/mm	3	5	6	8	10
传热系数/［W/（m²·h）］	5.49	5.21	5.09	4.73	4.64

通过系统的实践和对比试验，在厚度相同的情况下，单层 PC 板可比玻璃节能 10%～25%，双层 PC 板可比玻璃节能 40%～60%。无论冬季采暖、夏季降温，PC 板都可以有效降低建筑能耗。

⑤耐候性。PC 板各项物理指标可以在-40～120℃范围内保持稳定性。其低温脆化温度为-110℃，高温软化温度为 150℃。PC 板表面经过光稳定工艺加工处理，产品具备抗老化功能，因而成功解决了其他工程塑料所不能解决的老化问题。

⑥防结露性能。在一般条件下，当室外温度为 0℃，室内温度为 23℃，室内相对湿度达到 40%时，采光材料玻璃的内表面就要结露。采用 PC 板，室内相对湿度达 80%时，材料的内表面才开始结露。

⑦阻燃性能。PC 板的自燃温度为 630℃。PC 板在燃烧过程中不产生如氰化物、丙烯醛、氯化氢、二氧化硫等毒性气体（生成物无腐蚀性）。经过测定，PC 板燃烧过程的烟雾浓度远低于木材、纸张的生成量。

⑧隔声性能。在厚度相同的情况下，PC 板的隔声量比玻璃提高 3～4 dB，在国际上是高速公路隔声屏障的首选材料。

⑨加工性能。PC 单层板可用真空成型法及压力成型法加工成多种造型的

制件，也可在常温下进行冷弯成型。在常温下PC双层板的最小弯曲半径为板厚的180倍，PC单层板的最小弯曲半径为板厚的150倍。具有良好的加工制造性能。

⑩质量小。单层PC板的质量为相同厚度玻璃的1/2，双层PC板的质量为相同厚度玻璃的1/15。在降低建筑物自重，提高建筑物的整体防震能力、简化结构设计、节省投资、节约能源等方面都具有较突出的效果。PC板的应用应注意以下几个方面的问题：

a.密封胶条不允许使用天然橡胶条、PVC类、丙烯类、聚丙烯类材料，而应采用国际上PC板专用密封条乙烯、丙烯和二烯的三元共聚物（EPDM）或中性硅酮胶（硅酮现称为聚硅氧烷）。

b.设计使用PC板的厚度选择应考虑不同的板跨，不同荷载的具体情况。

c.带有光稳定涂层的PC板，其涂层面应置于室外一侧。

d.安装PC板前，板的纵向两端应使用压缩空气吹净槽内碎屑，采用胶带密封端部，胶带不应对PC板有腐蚀性，要有良好的耐候性能。

e.PC板在使用中应定期清洗，宜用温水、中性肥皂、柔软织物或海绵进行清洗，切忌用强碱、异丙醇、酮类、卤代烷类、丁基纤维剂、毛刷、干硬布擦拭PC板面。

（三）密封材料

窗户的构造特点决定了其必然存在缝隙，缝隙主要分布在以下三处：一是窗户框扇搭接缝隙；二是玻璃与框扇的嵌装缝隙；三是门窗框与墙体的安装缝隙。

为提高门窗的气密性和水密性，减少空气渗透热损失，必须使用密封材料。普遍要求是产品弹性好、镶嵌牢固、严密、耐用、方便、价格适宜，常用的品种有橡胶条、橡塑条和塑料条等，还有胶膏状产品（在接缝处挤出成型后固化）和条刷状密封条。

橡胶密封条由于橡胶的品种和性能差异较大，胶条的质量和成本有很大差别，在工程上反映比较突出的问题主要有：短期内胶条龟裂，失去弹性，收缩率大，甚至从型材上自由脱落，严重影响了门窗气密性。目前，多采用橡胶与PVC树脂共混技术生产密封条，使门窗的密封效果得到明显改善。橡塑密封条一般是以PVC树脂为主料加入一定比例并与PVC相容的橡胶品种和热稳定剂、抗老化剂、增塑剂、润滑剂、着色剂及填料等，经严格按配比计量，高速搅拌和混炼、共混造粒，挤出成型等工艺过程，制造出符合截面尺寸要求并达到国家质量标准规定的密封条。橡塑密封条比较充分地体现了配方中各种材料的优越性，其性能特点有：密封条有足够的拉伸性能，优良的弹性和热稳定性，较好的耐候性，可以配成各种颜色，表面光泽富有装饰性，成本较低，生产工艺简单，产品质量易于控制，耐用年限基本可达10年以上。

第三节　绿色建筑装饰节能材料

一、室内装饰节能材料

室内装饰节能材料是指用于建筑物内部墙面、天棚、柱面、地面等处具有节能特性的罩面材料。严格地说，应当称为室内建筑装饰节能材料。现代室内装饰材料，不仅能改善室内的艺术环境，使人们得到美的享受，还兼有绝热、防潮、防火、吸声、隔声等功能，起着保护建筑物主体结构，延长其使用寿命，降低室内热量流失等作用，是现代建筑装饰不可缺少的一类材料。

建筑节能与室内装饰之间存在既对立又统一的关系。室内装饰的目的是营造宜人的室内居住和工作环境。而要达到这一目的，就要不同程度地利用现代设备技术等手段来消耗能源。节能的目的是给人类创造良性的、可持续发展的自然环境。要节约能源，就必须减少耗能设备，并控制设备的使用，所以节能技术措施可能会对室内的布置、装饰效果、材料的选用及布置有某种程度上的限制。但是，建筑节能和室内装饰，又是分别从长期和短期的角度，为创造适宜于人类生活、发展的大环境和小环境提供条件，两者的目的是一致的，因而应该是可以协调的。

（一）内墙涂料

1.水溶性内墙涂料

水溶性内墙涂料系以水溶性合成树脂为主要成膜物，以水为稀释剂，加入适量的颜料、填料及辅助材料加工而成。一般用于建筑物的内墙装饰。这种涂料的成膜机理不同于传统涂料的网状成膜，而是开放型颗粒成膜，因此它不但附着力强，而且具有独特的透气性。另外，由于它不含有机溶剂，故在生产及施工操作中，安全、无毒、无味、不燃，而且不污染环境。但这类涂料的水溶性树脂可直接溶于水中与水形成单相的溶液，它的耐水性差，耐候性不强，耐洗刷性差。所以一般用于要求不高的低档装饰，使用呈逐渐下降趋势。水溶性内墙涂料主要产品为聚乙烯醇类有机内墙涂料和硅溶胶类无机内墙涂料。

水溶性内墙涂料执行《水溶性内墙涂料》标准，按标准将涂料分为两类，I 类用于涂刷浴室、厨房内墙，II 类用于涂刷建筑物浴室、厨房以外的室内墙面，同时还应符合《室内装饰装修材料内墙涂料中有害物质限量》。

2.合成树脂乳液内墙涂料

合成树脂乳液内墙涂料，是以合成树脂乳液为基料，以水为分散介质，加入颜料、填料及各种助剂，经研磨而成的薄型内墙涂料。合成树脂乳液内墙涂料主要以聚醋酸乙烯类乳胶涂料为主，适用的基料有聚醋酸乙烯乳液、EVA 乳液（乙烯-醋酸乙烯酯共聚）、乙丙乳液（醋酸乙烯与丙烯酸酯共聚）等。这类涂料属水乳型涂料，具有无毒、无味、不燃、易于施工、干燥快、透气性好等特性，有良好的耐碱性、耐水性、耐久性，其中苯-丙乳胶漆性能最优，属高档涂料，乙-丙乳胶漆性能次之，属中档产品，聚醋酸乙烯酯乳液内墙涂料比前两种均差。

合成树脂乳液内墙涂料有多种颜色，分有光、半光、无光几种类型，适用于混凝土、水泥砂浆抹面，砖面、纸筋灰抹面，木质纤维板、石膏饰面板多种基材。由于乳胶涂料具有透气性，因此能在稍潮湿的水泥或新老石灰墙壁体上施工。它广泛用于宾馆、学校等公用建筑物及民用住宅，特别是住宅小区的内墙装修。涂料分为优等品、一等品和合格品三个等级，执行国家标准《合成树脂乳液内墙涂料》，产品技术质量指标应满足标准要求，同时还应符合《室内装饰装修材料内墙涂料中有害物质限量》。

3.豪华纤维涂料

豪华纤维涂料以天然或人造纤维为基料，加以各种辅料加工而成。它是近几年才研制开发的一种新型建筑装饰材料，具有以下优点：

①该涂料的花色品种多，有不同的质感，还可根据用户需要调配各种色彩，其整体视觉效果和手感非常好，主体感强，给人一种似画非画的感觉，广泛用于各种商业建筑、高级宾馆、歌舞厅、影剧院、办公楼、写字间、居民住宅等。

②该涂料不含石棉、玻璃纤维等物质，完全无毒、无污染。

③该涂料的透气性能好，即使在新建房屋上施工也不会脱落，施工装饰后的房子不会像塑料壁纸装饰后的房间那样使人感到不透气，居住起来比较舒适。

④该涂料的保温隔热和吸声性能良好，潮湿天气不结露水，在空调房间使用可节能，特别适用于公众娱乐场所的墙面顶棚装饰。

⑤该涂料防静电性能好，在制造过程中已做了防霉处理，灰尘不易吸附。

⑥涂料的整体性好，耐久性优异，时间久也不会脱层。

⑦该涂料系水溶性涂料，不会产生难闻气味及危险性，尤其适合翻新工程。

⑧该涂料有防火阻燃的专门品种，可满足高层建筑装修的需要。

⑨该涂料对墙壁的光滑度要求不高，施工以手抹为主，所以施工工序简单，

施工方式灵活、安全，施工成本较低。

⑩该涂料对基材没有苛刻要求，可广泛地涂装于水泥浆板、混凝土板、石膏板、胶合板等基础材料上。

4.恒温涂料

建筑恒温涂料主要成分是食品添加剂（包括进口椰子油、二氧化钛、食品级碳酸钙、碳酸钠、聚丙烯钠等）。该涂料具有较好的相容性与分散性，可添加各色颜料，并能和其他乳胶漆以及腻子（透气率必须超过 85%）以适当比例混合使用，并具有恒温效果，是一种节能环保型功能涂料，无毒，无污染，防霉，防虫，抗菌，散发清爽气味。

（二）纸面石膏

纸面石膏板以建筑石膏为主要原料，掺入纤维、外加剂（发泡剂、缓凝剂等）和适量轻质填料，加水拌成料浆进行浇注，成型后再覆土层面纸。料浆经过凝固形成芯板，经切断、烘干，使芯板与护面纸牢固地结合在一起。纸面石膏板质轻、保温隔热性能好，防火性能好，可钉、可锯、可刨，施工安装也较为方便。纸面石膏板作为一种新型的建筑材料，具有如下特点：

①防火性能。其芯材由建筑石膏水化而成。一旦发生火灾，石膏板中的二水石膏就会吸收热量进行脱水反应。在石膏芯材所含结晶水并未完全脱出和蒸发完毕之前，纸面石膏板板面温度不会超过 140 ℃，这一良好的防火特性可以为人们疏散赢得宝贵时间，同时也延长了防火时间。与其他材料相比，纸面石膏板在发生火灾时只释放出水并转化为水蒸气，不会释放出对人体有害的成分。

②隔热保温性能。纸面石膏板的热导率只有普通水泥混凝土的 9.5%，空心黏土砖的 38.5%。如果在生产过程中加入发泡剂，石膏板的密度会进一步降低，其热导率将变得更小，保温隔热性能就会更好。

③呼吸功能。这里所说的纸面石膏板的“呼吸”功能，并非指它像动物一样需要呼吸空气才能生存，而是对其吸湿解潮行为的一种形象描述。它的质量

随环境温湿度的变化而变化，这种“呼吸”功能的最大特点，是能够调节居住及工作环境的湿度，创造一个舒适的小气候。

纸面石膏板主要用于建筑物内隔墙，有普通纸面石膏板、耐水纸面石膏板和耐火纸面石膏板三类。

普通纸面石膏板的板芯为象牙白色，纸面为灰色，是市面上纸面石膏板中最为经济与常见的品种，适用于无特殊要求的场所，使用场所连续相对湿度不超过 65%。因为价格相对较低，工程中喜欢采用 9.5 mm 厚的普通纸面石膏板来做吊顶或间墙，但是由于 9.5 mm 普通纸面石膏板比较薄、强度不高，在潮湿条件下容易发生变形，因此建议选用 12 mm 以上的石膏板。同时，使用较厚的板材也是预防接缝开裂的一个有效手段。

耐水纸面石膏板的纸面和板芯都必须达到一定的防水要求（表面吸水量不大于 160 g，吸水率不超过 10%）。耐水纸面石膏板适用于连续相对湿度不超过 95%的场所，如卫生间、浴室等。

耐火纸面石膏板板芯内增加了耐火材料和大量玻璃纤维。若切开石膏板，则可以从断面处看见很多玻璃纤维。质量好的耐火纸面石膏板会选用耐火性能好的无碱玻璃纤维，一般的产品都选用中碱或高碱玻璃纤维。

（三）纤维装饰板

纤维板以木本植物纤维或非木本植物为原料，经施胶、加压而成。纤维装饰板包括表面装饰纤维板和浮雕纤维板。前者是在纤维板表面进行涂饰、贴面、钻孔等处理，使其表面美观并提高其性能等，可用于家具和建筑内装饰；后者是在制造时压制成具有凹凸形立体花纹图案的浮雕纤维板，广泛用于建筑内、外装饰。

（四）铝塑饰面板

铝塑饰面板简称复合铝板，是近几年才出现的新型装饰材料，目前国内的高层建筑大量使用铝塑板。这种饰面板由内、外两层均为0.5 mm厚的铝板、间夹层为2～5 mm厚的聚乙烯或聚氯乙烯塑料构成，铝板的表面有很薄的氟化碳喷涂罩面漆。其特点是颜色均匀，铝板表面平整，制作方便，装饰效果好，适用于墙面、柱面、幕墙、顶棚等的装饰。

二、室外装饰节能材料

室外装饰的目的主要是美化建筑物和环境，同时起到保护建筑物的作用。外墙结构材料直接受到风吹、日晒、雨淋、霜雪乃至冰雹的袭击，以及腐蚀性气体和微生物的作用，其耐久性将受到影响。因此，选用合适的室外装饰材料可以有效地提高建筑物的耐久性。建筑物的外观效果主要通过建筑物的总体设计造型、比例、虚实对比、线条等平面、立面的设计手法来体现，而室外装饰效果则是通过装饰材料的质感、线条和色彩来表现的。质感就是对材料质地的感觉。这些均可以通过选用性质不同的装饰材料或对同一种装饰材料采用不同的施工方法来达到。

（一）保温隔热砂浆

目前，在各类工程中应用最为广泛的室外装饰节能材料是保温隔热砂浆。保温隔热砂浆是以水泥、膨胀珍珠岩等为主体材料，并添加纤维素等其他外加剂的复合保温隔热材料。具有强度高、产品不燃、多孔、热导率极低、和易性好、保温隔热性能好、耐水性和耐候性好、成本低、与水拌合后黏聚性好、易施工等特点。对墙面处理过的房屋夏季室内气温比未处理的房屋低 2～3 ℃，空调能耗节约15%左右，且每年的空调运行时间可比未处理前缩短20 d左右，是夏热冬冷地区节能建筑较理想的复合保温隔热材料，其主要功能是装饰和保护建筑物的外墙面，使建筑物外貌整洁美观，从而达到美化城市环境的目的。

但保温隔热砂浆仍存在尚待解决的问题，主要表现为：干燥周期长，施工受季节和气候影响大；抗冲击能力弱；对墙体的黏结强度偏低，施工不当易造成大面积空鼓现象；装饰性有待于进一步改善等。

（二）聚合物砂浆

聚合物砂浆是指在建筑砂浆中添加聚合物黏结剂，从而使砂浆性能得到很大改善的一种新型建筑材料。其中的聚合物胶黏剂作为有机胶结材料与砂浆中的水泥或石膏等无机胶结材料完美地组合在一起，大大提高了砂浆与基层的黏结强度、砂浆的柔性、砂浆的内聚强度等。聚合物的种类和掺量则在很大程度上决定了聚合物砂浆的性能。聚合物砂浆是保温系统的核心技术，主要用于聚苯颗粒胶浆，以及可发性聚苯乙烯薄抹灰墙面保温系统的抹面。

（三）罩面砂浆

罩面砂浆采用优质改性特制水泥及多种高分子材料，填料经独特工艺复合而成，保水性好，施工黏度适中，具有优良的耐候、抗冲击和防裂性能。主要用于外墙聚苯板保温系统、挤塑板保温系统、聚苯颗粒保温系统中的罩面，与网格布或钢网配合使用。

（四）干混砂浆

干混砂浆又称为干粉砂浆、干拌砂浆，即粉状的预制砂浆。干混砂浆主要适用于对砂浆需求量小的工程，在欧洲应用得很普遍。墙面保温干混砂浆除了具备一般干混砂浆的功能，还具备优良的保温性能，同时对抗老化耐候性、防火、耐水、抗裂等性能以及抗压、抗拉、黏结强度、施工性能、环保等综合性能均有一定的特殊要求。目前市场上的保温砂浆主要是将聚苯颗粒、普通膨胀珍珠岩材料作为干混保温砂浆的轻质骨料，但应用中存在诸多问题。近年来出现了一种以玻化微珠为轻质骨料的墙体保温干混砂浆，这种砂浆以玻化微珠等聚合物替代传统的普通膨胀珍珠岩和聚苯颗粒作为保温砂浆的轻骨料，预拌在干粉改性剂中，形成单组分无机干混料保温砂浆。

（五）陶瓷装饰材料

自古以来陶瓷产品就是一种良好的装饰材料。陶瓷产品是由黏土或其他无机非金属原料，经粉碎、成型、烧结等一系列工艺制作而成，因具有较好的装饰性和使用功能，如强度高，防潮、抗冻、耐酸碱、绝缘、易清洗、装饰效果好等，被广泛用作建筑物内外墙、地面和屋面等部位的装饰和保护。

1.陶瓷保温涂料

陶瓷保温涂料又称多功能陶瓷隔热涂料。此隔热保温陶瓷涂料由多种高聚物、陶瓷粉填料、水、颜料及各种助剂（其中包括多种金属保护化学品行业内顶尖的抑制剂）经过数道工序研制而成。耐高温隔热保温陶瓷涂料是一种防水、隔热保温、防潮、阻燃、耐磨、耐酸碱、无味涂料，耐温幅度在－80～1 800℃，热反射率为90%，热导率为0.03W/（m·K），可抑制高温物体和低温物体的热辐射和热量的散失。在1 100 ℃的物体表面涂上8 mm耐高温隔热保温涂料，温度就能降低到100 ℃以内。另外，耐高温隔热保温涂料还有绝缘、重量轻、施工方便、使用寿命长等特点，也可用做无机材料耐高温耐酸碱胶黏剂，附着物体牢固。具有对太阳光的高反射率，优越的隔热效果和良好的防腐功能，强的附着力、耐候性、耐沾污性、耐洗刷性，尤其具有环保性等优点。

2.保温隔热瓷砖

保温隔热瓷砖在生产上通常分为两个大类：一类是通过对红外反射材料的包裹等技术制备供陶瓷墙地砖使用的原料，在外墙砖的表面复合上一层含金属铝或其他反射率高的材料釉层，减少对太阳光能量的吸收；另一类是利用煤电厂产生的大量空心玻璃微珠作为较好的降低热导率的原料，制成气孔率和气孔大小与分布可控的低热导率陶瓷墙地砖。

保温隔热瓷砖的检验项目较多，包括尺寸偏差（长宽和厚度偏差、边直度、直角度和表面平整度）、表面质量、吸水率、破坏强度和断裂模数、抗热震性、抗釉裂性、抗冻性、耐磨性、抗冲击性、线性热膨胀系数、湿膨胀、小色差、地砖的摩擦系数、耐化学腐蚀性、耐污染性、铅和镉的溶出量等。

目前，陶瓷砖产品在建筑节能工程中也得到广泛使用，在建筑节能工程中使用瓷砖时，除要考虑在一般工程中可能会遇到的问题，还要考虑配有瓷砖的体系耐久性及安全性等，尤其是墙体外保温用瓷砖体系，需要考虑所用瓷砖应具备适宜的性能，如吸水率的大小、重量、抗冻性、透气性等，还要考虑所用瓷砖黏结剂的性能是否与之相适应，能否达到长期的稳定黏结。总之，在外墙外保温体系中使用陶瓷砖产品应慎重，应充分考虑各方面对体系的影响。

第四章 绿色建筑与节能技术

第一节 建筑节能设计与技术

建筑节能是指建筑物在建造和使用过程中，采用节能型的建筑规划、设计，使用节能型的材料、器具、产品和技术，以提高建筑物的保暖隔热性能，减少采暖、制冷、照明等消耗。应在满足人们对建筑舒适性需求的前提下，达到建筑物使用过程中能源利用率得以提高的目的。在建筑的规划、设计、建造和使用过程中，应执行建筑节能标准，提高建筑围护结构热工性能，采用节能型用能系统和可再生能源利用系统，降低建筑能源消耗。

建筑节能设计的主要内容一般包括建筑围护结构的节能设计和采暖空调系统的节能设计两大部分。建筑围护结构节能设计主要包括建筑物墙体节能设计、屋面节能设计、门窗节能设计、楼层地面节能设计等。下面重点对建筑围护结构的节能设计进行介绍。

一、建筑体形与平面设计

（一）建筑平面形状与节能的关系

建筑物的平面形状主要取决于建筑的功能以及建筑物用地的形状，但从建筑热工的角度来看，过于复杂的平面形状往往会增加建筑物的外表面积，带来采暖能耗的大幅增加。因此，从建筑节能设计的角度来看，在满足建筑功能要求的前提下，建筑平面设计应注意使外围护结构表面积（A）与建筑体积（V）之比尽可能小，以减小散热面积及散热量。当然，对于空调房间，应对其得热和散热情况进行具体分析。

例如，一建筑物平面为正方形（40 m×40 m），高度为 17 m，假定该建筑的耗热量为 100%，则相同体积下不同平面形式的建筑物采暖能耗的相对比值如表 4-1 所示。

表 4-1　建筑平面形状与能耗的关系

项目	正方形	长方形	细长方形	L 形	回字形	U 形
A/V	0.16	0.17	0.18	0.195	0.21	0.25
能耗（%）	100	106	114	124	136	163

（二）建筑长度与节能的关系

在高度及宽度一定的条件下，对南北朝向的建筑来说，增加居住建筑的长度对节能是有利的，长度小于 100 m，能耗增加较大。

例如，建筑物的长度从 100 m 减至 50 m，能耗增加 8%～10%；从 100 m 减至 25 m，对 5 层住宅来说能耗增加 25%，对 9 层住宅来说能耗增加 17%～20%。若长度为 100 m 的某住宅建筑能耗为 100%，则其他长度建筑的能耗相对值如表 4-2 所示。

表 4-2　建筑长度与建筑能耗的关系

室外温度	住宅建筑长度（m）				
	25	50	100	150	200
−20 ℃	121%	110%	100%	97.9%	96.1%
−30 ℃	119%	109%	100%	98.3%	96.5%
−40 ℃	117%	108%	100%	98.3%	96.7%

（三）建筑宽度与节能的关系

在建筑物高度和长度一定的情况下，居住建筑的宽度与能耗的关系如表4-3所示，表中假定宽度为11 m的建筑能耗为100%，由表可看出，随建筑物宽度的增加，建筑的能耗减少。建筑宽度从11 m增加到14 m时，建筑能耗可减少6%～7%；宽度增加到15～16 m时，则能耗减少12%～14%。

表4-3　建筑宽度与建筑能耗的关系

室外温度	住宅建筑宽度（m）							
	11	12	13	14	15	16	17	18
－20 ℃	100%	95.7%	92.0%	88.7%	86.2%	83.6%	81.6%	80%
－30 ℃	100%	95.2%	93.1%	90.3%	88.3%	86.6%	84.6%	83.1%
－40 ℃	100%	96.7%	93.7%	91.1%	89.0%	87.1%	85.6%	84.2%

（四）建筑平面布局与节能的关系

合理的建筑平面布局会给建筑在使用上带来极大的方便，同时也可以有效改善室内的热舒适度，有利于建筑节能。在节能建筑设计中，主要应从合理的热环境分区及设置温度阻尼两个方面来考虑建筑平面的布局。

不同的房间有不同的使用功能，因而其对室内热环境的要求也存在差异。在设计中，应根据房间对热环境的要求进行合理分区，将对温度要求相近的房间相对集中布置。例如，将冬季室温要求稍高、夏季室温要求稍低的房间设置在建筑核心区；将冬季室温要求稍低、夏季室温要求稍高的房间设置在建筑平面中紧邻外围护结构的区域，作为核心区和室外空间的温度阻尼区，以减少供热能耗。在夏季将温湿度要求相同或接近的房间相邻布置。

为保证主要使用房间的室内热环境质量，可结合使用情况，在该类房间与室外空间之间设置各式各样的温度阻尼区。这些温度阻尼区就像一道“热闸”，不但可以使房间外墙的传热损失减少，而且大大减少了房间的冷风渗透，从而也减少了建筑物的渗透热损失。冬季设于南向的日光间、封闭阳台，外门设置门斗等都具有温度阻尼区的作用，是冬（夏）季减少耗热（冷）的一个有效措施。

（五）建筑体形系数

建筑体形系数是指建筑物的外表面积与外表面积所包的体积之比。体形系数是表征建筑热工特性的一个重要指标，与建筑物的层数、体量、形状等有关。建筑物体形系数越大，表现出的外围护结构面积越大；体形系数越小，表现出的围护结构面积越小。

体形系数对建筑能耗的影响非常显著。体形系数越小、单位建筑面积对应的外表面积越小，外围护结构的传热损失也越小。从降低建筑能耗的角度出发，应该将体形系数控制在一个较低的水平上。但是，体形系数不只是影响外围护结构的传热损失，它还与建筑造型、平面布局、采光通风等紧密相关。体形系数过小将制约建筑师的创造性，造成建筑造型呆板、平面布局困难，甚至损害建筑功能。因此，应权衡利弊，兼顾不同类型的建筑造型，从多方面来确定体形系数。当体形系数超过规定时，则要求提高建筑围护结构的保温隔热性能，通过建筑围护结构热工性能综合判断，确保实现节能目标。

二、建筑墙体节能技术

（一）建筑外墙保温设计

外墙按其保温材料及构造类型，主要分为单一保温材料墙体和单设保温层复合保温墙体。常见的单一保温材料墙体有加气混凝土保温墙体、各种多孔砖墙体、空心砌块墙体等。根据保温层在墙体中的位置，单设保温层复合保温墙体可分为内保温墙体、外保温墙体和夹心保温墙体。

随着节能标准的不断提高，大多数单一材料保温墙体难以满足包括节能在内的多方面技术指标要求，而单设保温层的复合墙体由于采用了新型高效保温材料而具有更为优良的热工性能，且结构层、保温层都可充分发挥各自材料的特性和优点，既不使墙体过厚，又可以满足保温节能的要求，也可满足抗震、承重等技术要求。

在三种单设保温层的复合墙体中，外墙外保温系统技术合理、有明显的优越性，且适用范围广，不仅适用于新建建筑，也适用于既有建筑的节能改造，从而成为国内重点推广的建筑保温技术。外墙外保温技术具有以下七大优势：

第一，保护主体结构，延长建筑物寿命。由于保温层置于建筑物围护结构外侧，避免了由雨、雪、冻、融、干、湿循环造成的结构破坏，减少了空气中有害气体和紫外线对围护结构的侵蚀，因此外墙外保温技术有效地提高了主体结构的使用寿命，减少了长期维护的费用。

第二，基本消除热桥的影响。热桥指的是在内外墙交界处、构造柱、框架梁、门窗洞等部位，形成的主要散热渠道。对内保温而言，热桥是难以避免的。而外墙外保温技术既可以防止热桥部位产生结露，又可以消除热桥造成的热损失。

第三，使墙体潮湿情况得到改善。一般情况下，内保温需设置隔汽层，而采用外保温时，由于蒸汽透性高的主体结构材料处于保温层的内侧，只要保温材料选材适当，在墙体内部一般不会发生冷凝现象，故无须设置隔汽层。

第四，有利于保持室温稳定。室内温差过大易使抵抗力弱的老人或小孩患病，外保温墙体中蓄热能力较大的结构层在保温板内侧，当室内受到不稳定热作用时，室内温度上升或下降，此时墙体结构层能够吸收或释放热量，故有利于保持室温稳定。

第五，便于对旧建筑物进行节能改造。以前的建筑物一般都不能满足节能要求，因此对旧建筑物进行节能改造势在必行。与内保温相比，采用外保温方式对旧建筑物进行节能改造，最大的优点是无须临时搬迁，基本不影响用户的正常生活。

第六，可以避免装修对保温层的破坏。不管是买新房还是买二房，消费者一般都需要按照自己的喜好进行装修。在装修中，内保温层容易遭到破坏，外保温则可以避免此类问题的发生。

第七，增加房屋使用面积。消费者买房最关心的就是房屋的使用面积。由于保温材料贴在墙体的外侧，其保温、隔热效果优于内保温，故可使主体结构墙体减薄，从而增加用户的使用面积。

外墙外保温系统是由保温层、保护层和固定材料（胶黏剂、锚固件等）构成的，是安装在外墙外表面的非承重保温构造的总称。目前，国内应用最多的外墙外保温系统从施工做法上可分为粘贴式、现浇式、喷涂式及预制式等。其中，粘贴式的保温材料包括模塑聚苯板（EPS 板）、挤塑聚苯板（XPS 板）、矿物棉板（MW 板，以岩棉为代表）、硬泡聚氨酯板（PU 板）、酚醛树脂板（PF 板）等，在国内也被称为薄抹灰外墙外保温系统或外墙保温复合系统，这些材料又以模塑聚苯板的外保温技术最为成熟且应用最为广泛。现浇式外墙外保温系统也称为模板内置保温板做法，既包括模板与保温板分体的做法，也包括模板与保温板一体的做法。喷涂式则以喷涂硬泡聚氨酯做法为主。预制式做法变化较多，主要是在工厂将保温板和装饰面板预制成一体化板，在施工现场将其安装就位。

（二）建筑外墙隔热设计

建筑物外墙、屋顶的隔热效果是用其内表面温度的最高值来衡量和评价的，利于降低外墙、屋顶内表面温度的方法都是隔热的有效措施。通常，外墙、屋顶的隔热设计按以下思路采取具体措施：减少对太阳辐射热的吸收；减弱室外综合温度波动对围护结构内表面温度的影响；材料、构造利于散热；将太阳辐射等热能转化为其他形式的能量，减少通过围护结构传入室内的热量等。

1.采用浅色外饰面，减少太阳辐射热的当量温度

当量温度反映了围护结构外表面吸收太阳辐射热使室外热作用提高的程

度。要减少热作用，就必须降低外表面对太阳辐射热的吸收系数。建筑墙体外饰面材料品种很多，吸收系数差异也较大，部分材料对太阳辐射热的吸收系数如表 4-4 所示。合理选择材料和构造对外墙的隔热是非常有效的。

表 4-4　部分建筑材料的P值

材料	吸收系数
黑色非金属表面（如沥青、纸等）	0.85～0.98
红砖、红瓦、混凝土、深色油漆	0.65～0.80
黄色的砖、石、耐火砖等	0.50～0.70
白色或淡奶色砖、油漆、粉刷、涂料	0.30～0.50
铜、铝、镀锌铁皮、研磨铁板	0.40～0.65

2.增大传热阻与热惰性指标

增大围护结构的传热阻，可以降低围护结构内表面的平均温度；增大热惰性指标可以大大减小室外综合温度的谐波振幅，减小围护结构内表面的温度波幅，两者对降低结构内表面温度的最高值都是有利的。

这种隔热构造方式的特点是，不仅具有隔热性能，在冬季也有保温作用，特别适合夏热冬冷地区。不过，这种构造方式的墙体、屋顶夜间散热较慢，内表面的高温区段时间较长，出现高温的时间也较晚，用于办公楼、学校等以白天为主的建筑物较为理想。对昼夜空气温差较大的地区，白天可紧闭门窗使用空调，夜间打开门窗自然排除室内热量并储存室外新风冷量，以降低房间次日的空调负荷，也可以用于节能空调建筑。

3.采用有通风间层的复合墙板

这种墙板比单一材料制成的墙板（如加气混凝土墙板）构造复杂一些，但它将材料区别使用，能充分发挥各种材料的特长，墙体较轻，而且能利用间层的空气流动及时带走热量，减少通过墙板传入室内的热量，且夜间降温快，特别适合湿热地区住宅、医院、办公楼等多层和高层建筑。

4.墙面绿化

墙面绿化是利用具有吸附、缠绕、卷须、钩刺等攀缘特性的植物装饰建筑墙面的形式。早在 17 世纪，俄国将攀缘植物用于亭、廊绿化，后来引向建筑墙面，欧美各国也广泛应用。我国也大量应用，尤其是近十几年来，不少城市将墙面绿化列为绿化评比的标准之一。

墙面绿化具有美化环境、降低污染、遮阳隔热等功能。墙面如有爬墙的植物，可以遮挡太阳辐射和吸收热量。实测表明，墙面有了爬墙的植物，其外表面昼夜平均温度由 35.1 ℃降到 30.7 ℃，相差 4.4 ℃之多；而墙的内表面温度相应由 30.0 ℃降到 29.1 ℃，相差 0.9 ℃。由墙面附近的叶面蒸腾作用带来的降温效应，还使墙面温度略低于气温（约 1.6 ℃）。相比之下，外侧无绿化的墙面温度反而较气温高出约 7.2 ℃。显然，绿化对于墙体温度的影响是很大的，它能显著减少通过外墙和窗洞的传热量，降低室内内表面温度，改善室内热舒适性或减少空调能耗。冬季落叶后，既不影响墙面得到太阳辐射热，同时附着在墙面的枝茎又成了一层保温层，会缩小冬夏两季的温差，还可使风速降低，抵御风吹雨打，因此可减少各种气候变化对建筑物的不利影响，延长外墙的使用寿命。另外，墙面绿化还可减小城市噪声，噪声声波通过浓密的藤叶时约有 26% 被吸收掉。攀缘植物的叶片多有绒毛或凹凸的脉纹，能吸附大量的飘尘，可起到过滤和净化空气的作用。由于植物吸收二氧化碳，释放氧气，故有藤蔓覆盖的住宅可获得更多的新鲜空气。居住区建筑密集，墙面绿化对居住环境质量的改善更为重要。墙面绿化可分为三种方式，分别为墙面无辅助直接绿化法、墙面有辅助绿化法和种植箱预制装配式绿化法。

无辅助直接绿化法是最简单、最常用的墙面绿化方法，主要适用于清水砖墙等粗糙外表面的墙体绿化，绿化高度可达 10 m。其种植方式为地面种植，需要在附近建筑外墙基部砌筑人工种植槽。种植植物主要选用具有较强吸附能力的攀缘类藤蔓植物，如五叶地锦、常春藤、凌霄花等。

墙面有辅助绿化法是在无辅助直接绿化法的基础上，在建筑外墙上嵌入钢钉固定金属网来辅助绿化植物爬的墙面绿化，主要适用于涂料饰面、马赛克、面砖等较光滑外表面的墙体绿化，绿化高度可达 15～20 m。采用此方法进行墙体绿化时，应考虑建筑外墙侧向承载能力，应在墙上嵌入钢钉的空洞缝隙内注入树脂使其封闭，以防水汽渗入墙体内部。

种植箱预制装配式绿化法是将建筑预制装配技术与植物人工栽培技术有机地结合在一起，绿化墙主要由承载框架和种植模块两部分组成。承载框架是绿化墙的独立支撑结构，由挂架与建筑外墙合理铰接。绿化墙实际上由多个标准化的种植板块拼装而成，每一个种植板块都是一个独立的、自给自足的植物生长单元。

三、建筑外门窗节能技术

建筑外门窗是建筑物外围护结构的重要组成部分，除了具备基本的使用功能，还必须具备采光、通风、防风雨、保温隔热、隔声、防盗、防火等功能。建筑外门窗又是整个建筑围护结构中保温隔热性能最薄弱的部分，是影响室内热环境质量和建筑耗能量的重要因素之一。此外，由于门窗需要经常开启，因此其气密性对保温隔热也有较大影响。据统计，在采暖或空调的条件下，冬季单层玻璃窗所损失的热量占供热负荷的 30%～50%，夏季因太阳辐射热透过单层玻璃窗射入室内而消耗的冷量占空调负荷的 20%～30%。因此，增强门窗的保温隔热性能，减少门窗能耗，是改善室内热环境质量、提高建筑节能水平的重要环节。建筑门窗还承担着隔绝与沟通室内外两种空间的互相矛盾的任务，因此，在技术处理上比其他围护部件难度更大，涉及的问题也更为复杂。

衡量门窗性能的指标主要包括四个方面，分别为阳光得热性能、采光性能、空气渗透防护性能和保温隔热性能。建筑节能标准对门窗的保温隔热性能、窗户的气密性能提出了明确的要求。建筑门窗的节能技术就是提高门窗的性能指标，主要是在冬季有效利用太阳光，增加房间的得热和采光，提高保温性能，降低通过窗户传热和空气渗透所造成的建筑能耗；在夏季采用有效的隔热及遮阳措施，降低透过窗户的太阳辐射得热。

（一）建筑外门节能设计

这里讲的建筑外门是指住宅建筑的户门和阳台门。户门和阳台门下部门芯板部位都应采取保温隔热措施，以满足节能标准要求。

可以采用双层板间填充岩棉板、聚苯板来提高户门的保温隔热性能，阳台门应使用塑料门。此外，提高门的气密性即减少空气渗透量对提高门的节能效果是非常明显的。

在严寒地区，公共建筑的外门应设门斗（或旋转门），寒冷地区宜设门斗或采取其他减少冷风渗透的措施。夏热冬冷和夏热冬暖地区，公共建筑的外门也应采取保温隔热节能措施，如设置双层门、采用低辐射中空玻璃门、设置风幕等。

（二）建筑外窗节能设计

窗是建筑围护结构中的开口部位，是建筑耗能的关键部位。窗户的能量损失占整个建筑能耗的一半左右，改进窗户的节能是提高建筑节能水平的有效措施。减少窗户的能量损失，要从多个方面考虑，不仅包括窗所使用的材料，还包括朝向、窗墙面积比、窗的类型等。

1.选择合理朝向

建筑方位因素是外窗节能设计的首要因素。大面积的玻璃窗应避免东照西晒，建筑应朝南北向。当建筑无遮挡时，南向的窗在冬天的白天能接受相当大的太阳辐射能，这些太阳热的获得可以帮助减少冬季的室内取暖费用；在夏天，由于太阳的高度角增大，所得的太阳辐射能反而很小，减少了室内的冷负荷，很大程度上降低了空调系统的能耗。所以，建筑设计时应充分考虑窗户的朝向，从而达到节能的目的。

《公共建筑节能设计标准》规定，建筑总平面的布置和设计，宜利用冬季日照并避开冬季主导风向；利用夏季自然通风，建筑的主朝向宜选择本地区最佳朝向或接近最佳朝向。《严寒和寒冷地区居住建筑节能设计标准》规定，建筑物宜朝向南北或接近朝向南北，建筑物不宜设有三面外墙的房间，一个房间不宜在不同方向的墙面上设置两个或更多的窗。《夏热冬暖地区居住建筑节能设计标准》等相关规范对合理选择朝向均作了相关规定。

2.控制窗墙面积比

外窗窗墙面积比是窗户洞口面积与房间立面单元面积（即房间层高与开间定位线围成的面积）的比值，是建筑设计中一个很重要的参数。普通窗户的保温隔热性能比外墙差很多。夏季白天通过窗户进入室内的太阳辐射热也比外墙多得多。窗户开得越多越大，即窗墙面积比越大，则采暖和空调的能耗也越大。因此，从节能的角度出发，必须限制窗墙面积比。窗户的面积既要满足采光率（窗地比），还应兼顾保温和节能（窗墙比）。相关规范鼓励在满足自然采光的范围内，外窗的面积越小越好。但是，我国地大物博，不同地区的气候条件相差太大。在夏热冬冷地区，较大的开窗面积能加强房间通风，带走室内余热和积蓄冷量，减少空调运行时的能耗，南窗也大大有利于冬季日照。另外，若窗口面积太小、采光亦自然减少，所增加的室内照明用电能耗将超过节约的采暖能耗。因此，这些地区在进行围护结构节能设计时，不能过分依靠减少窗墙比，重点应是提高窗的热工性能。窗的热工性能好，窗墙比就可适当提高，给建筑设计也提供了更大的灵活性。从经济角度来说，提高外窗的热工性能所需资金不多，却要比提高外墙热工性能的资金效益高 3 倍以上。

《严寒和寒冷地区居住建筑节能设计标准》规定，严寒和寒冷地区居住建筑的窗墙面积比不应大于表 4-5 中规定的限值。当窗墙面积比大于表中规定的限值时，必须按照相关条款要求进行围护结构热工性能的权衡判断，并且在进行权衡判断时，各朝向的窗墙面积比最大也只能比表中的对应值大 0.1。计算面积时，敞开式阳台的阳台门上部透明部分应计入窗户面积，下部不透明部分不应计入窗户面积。表中的窗墙面积比应按开间计算，表中的“北”代表从北偏东小于 60° 至北偏西小于 60° 的范围；“东、西”代表从东或西偏北小于等于 30° 至偏南 60° 的范围；“南”代表从南偏东 30° 偏西小于 30° 的范围。

表 4-5　严寒和寒冷地区居住建筑的窗墙面积比限值

朝向	窗墙面积比	
	严寒地区	寒冷地区
北	0.25	0.30
东、西	0.30	0.35
南	0.45	0.50

《夏热冬暖地区居住建筑节能设计标准》中规定，各朝向的单一朝向窗墙面积比，南、北向不应大于 0.40；东、西向不应大于 0.30。当设计建筑的外窗不符合上述规定时，其空调采暖年耗电指数（或耗电量）不应超过参照建筑的空调采暖年耗电指数（或耗电量）。建筑的卧室、书房、起居室等主要房间的房间窗地面积比不应小于 1/7。当房间窗地面积比小于 1/5 时，外窗玻璃的可见光透射比不应小于 0.40。

《夏热冬冷地区居住建筑节能设计标准》规定，不同朝向外窗（包括阳台门的透明部分）的窗墙面积比不应大于表 4-6 中规定的限值。计算窗墙面积比时，凸窗的面积应按洞口面积计算。当设计建筑的窗墙面积比不符合表中规定时，必须按照相关条款规定进行建筑围护结构热工性能的综合判断。表中的“东、西”代表从东或西偏北 30°（含 30°）至偏南 60°（含 60°）的范围；“南”代表从南偏东 30° 至偏西 30° 的范围。楼梯间、外走廊的窗不按本表规定执行。

表 4-6 夏热冬冷地区居住建筑的窗墙面积比限值

朝向	窗墙面积比
北	0.40
东、西	0.35
南	0.45
每套房间允许一个房间（不分朝向）	0.60

《公共建筑节能设计标准》规定，严寒地区甲类公共建筑各单一立面窗墙面积比（包括透光幕墙）均不宜大于 0.60；其他地区甲类公共建筑各单一立面窗墙面积比（包括透光幕墙）均不宜大于 0.70。甲类公共建筑单一立面窗墙面积比小于 0.40 时，透光材料的可见光透射比不应小于 0.60；甲类公共建筑单一立面窗墙面积比大于等于 0.40 时，透光材料的可见光透射比不应小于 0.40。不能满足规定时，必须按相关条款规定进行权衡判断。

3.提高窗的保温隔热性能

（1）窗框的保温隔热性能

通过窗框的传热能耗在窗户的总传热能耗中占有一定的比例，它的大小主要取决于窗框材料的热导率。虽然每种材质具有固定的热导率，但通过制作成空腔结构或复合结构的窗框型材，其热传导性能会发生改变。因此，型材断面结构的设计对于窗框保温性能至关重要，而门窗框扇型材的结构设计其实是复合设计理念的发展的。钢窗从实芯钢框发展为空腹钢框乃至断热钢框；铝窗从普通铝合金框发展成为断热型铝合金框；木窗从实木结构发展成为复合结构；塑窗从单腔结构发展成为两腔、三腔结构，乃至最新出现的七腔、八腔结构。只要设计合理，导热性能高的钢、铝材料也能制作成为保温性能较好的窗框材料。而相比较之下，塑料与木材由于本身具有优良的保温性能，所以这两种窗框型材的保温设计更简便、保温程度更高、节能成本也更低。

（2）窗玻璃的保温隔热性能

玻璃及其制品是窗户常用的镶嵌材料，其对窗户节能起到至关重要的作用。一般单层玻璃的热阻很小，几乎等于玻璃内外表面热阻之和，即单层玻璃的热阻可忽略不计，单层玻璃内外表面温差只有 0.4 ℃。可以通过增加窗的层数或玻璃层数提高窗的保温隔热性能。玻璃行业目前多数是通过制作成双层或三层中空玻璃、玻璃间隙充惰性气体或抽真空等手段来提高玻璃的节能性能的。

（3）提高窗的气密性，减少空气渗透能耗

提高窗的气密性、减少空气渗透量是提高窗节能效果的重要措施之一。由于经常开启，因此要求窗框、窗扇变形小。因为墙与框、框与扇、扇与玻璃之间都可能存在缝隙，会产生室内外空气交换。从建筑节能角度讲，空气渗透量越大，冷、热耗能量就越大。因此，必须对窗的缝隙进行密封。但是在提高窗户气密性的同时，并非气密程度越高越好，过分气密对室内卫生状况和人体健康都不利（或安装可控风量的通风器来实行有组织的换气）。

可以通过提高窗用型材的规格尺寸、准确度、尺寸稳定性、组装的精确度，采用气密条，改进密封方法或各种密封材料与密封方法配合的措施来加强窗户的气密性，降低因空气渗透造成的能耗。

（4）选择适宜的窗型

目前，常用的窗型有平开窗、左右推拉窗、上下悬窗、亮窗、上下提拉窗等，其中以推拉窗和平开窗最多。

窗的几何形式与面积以及窗扇开启方式对窗的节能效果也是有影响的。因为我国南北方气候差异较大，窗的节能设计重点也不同，所以窗型的选择也不同。南方地区窗型的选择应兼顾通风与排湿，推拉窗的开启面积只有 1/2，不利于通风，而平开窗通风面积大、气密性较好。

采暖地区窗型的设计应把握以下要点：在保证必要的换气次数的前提下，尽量缩小可开窗扇面积；选择周边长度与面积比小的窗扇形式，即接近正方形有利于节能；镶嵌的玻璃面积尽可能地大。

四、建筑地面节能技术

采暖房屋地板的热工性能对室内热环境的质量及人体的热舒适有重要影响。底层地板和屋顶、外墙一样，也应有必要的保温能力，以保证地面温度不至于太低。由于人体足部与地板直接接触传热，因此地面保温性能对人的健康和舒适影响比其他围护结构更直接、更明显。

体现地面热工性能的物理量是吸热指数，用 B 表示。B 值越大的地面从人脚吸热越多，也越快。地板面层材料的密度、比热容和热导率值是决定地面吸热指数 B 的重要参数。以木地面和水磨石两种地面为例，木地面的吸热指数是 10.5，而水磨石的吸热指数是 26.8，即使它们的表面温度完全相同，但如果赤脚站在水磨石地面上，就比站在木地面上凉得多，这是因为它们的吸热指数明显不同。

我国现行的《民用建筑热工设计规范》将地面划分为三类。木地面、塑料地面等属于 I 类，水泥砂浆地面等属于 II 类，水磨石地面则属于III类。高级居住建筑、托儿所、幼儿园、医疗建筑等，宜采用 I 类地面。一般居住建筑和公共建筑（包括中小学教室）宜采用不低于 II 类的地面。至于仅供人们短时间逗留的房间，以及室温高于 23 ℃的采暖房间，则允许用III类地面。

五、建筑屋面节能技术

屋顶作为一种建筑物外围护结构所造成的室内外温差传热耗热量，大于任何一面外墙或地面的耗热量。例如，某市市区某些年份年绝对最高与最低温差近 50 ℃，有时日温差接近 20 ℃，夏季日照时间长，而且太阳辐射强度大，通常水平屋面外表面的空气综合温度达到 60～80 ℃，顶层室内温度比其下层室内温度要高出 2～4 ℃。因此，提高屋面的保温隔热性能，对提高抵抗夏季室外热作用的能力尤其重要。这也是减少空调耗能，改善室内热环境的一个重要措施。在多层建筑围护结构中，屋面所占面积较小，能耗占总能耗的8%～10%。加强屋面保温节能对建筑造价影响不大，节能效益却很明显。

《屋面工程技术规范》规定屋面应“冬季保温减少建筑物的热损失和防止结露，夏季隔热降低建筑物对太阳辐射热的吸收”，并规定保温层应根据屋面所需传热系数或热阻选择轻质、高效的保温材料。

除传统屋面外，建筑屋面节能还包括倒置式屋面、种植屋面、蓄水屋面等，下面进行简单介绍。

（一）倒置式屋面

所谓倒置式屋面，就是将传统屋面构造中的保温层与防水层颠倒，把保温层放在防水层的上面。倒置式屋面基本构造宜由结构层、找坡层、找平层、防水层、保温层及保护层组成。

与传统屋面相比，倒置式屋面主要有以下优点：

第一，可以有效延长防水层的使用年限。倒置式屋面将保温层设在防水层上，大大减轻了防水层受大气、温差及太阳光紫外线照射的影响，使防水层不易老化，能长期保持柔软性、延伸性等性能，有效延长使用年限。

第二，保护防水层免受外界损伤。由保温材料组成的缓冲层，使卷材防水层不易在施工中受外界机械损伤，又能减缓外界对屋面的冲击。

第三，施工简单，易于维修。倒置式屋面省去了传统屋面中的隔汽层以及保温层上的找平层，施工简化，更加经济。即使出现个别地方渗漏，只要揭开几块保温板就可以进行处理，易于维修。

第四，调节屋顶内表面温度。屋顶最外的保护层可为卵石层、配筋混凝土现浇板或烧制方砖保护层，这些材料蓄热系数较大，在夏季可充分利用其蓄热能力强的特点，调节屋顶内表面温度，使屋顶的温度最高峰值向后延迟，错开室外空气温度最高值，从而有利于提高屋顶的隔热效果。

倒置式屋面的保温材料可选用挤塑聚苯乙烯泡沫塑料板、硬泡聚氨酯板、硬泡聚氨酯防水保温复合板、喷涂硬泡聚氨酯及泡沫玻璃保温板等。保温材料的性能应符合下列规定：

①热导率不应大于 0.080 W/（m·K）。

②使用寿命应满足设计要求。

③压缩强度或抗压强度不应小于 150 kPa。

④体积吸水率不应大于 3%。

⑤对于屋顶基层采用耐火极限不小于 1 小时的不燃烧体的建筑，其屋顶保温材料的燃烧性能不应低于 B2 级；其他情况，保温材料的燃烧性能不应低于 Bl 级。

（二）种植屋面

种植屋面是指铺以种植土或设置容器种植植物的建筑屋面或地下建筑顶板。对于建筑节能来讲，种植屋面（屋顶绿化）可以在一定程度上起到保温隔热、节能减排、节约淡水资源的作用，滞尘效果显著，同时也是有效缓解城市热岛效应的重要途径。在夏季，与普通隔热屋面相比，种植屋面表面温度平均要低 6.3 ℃，屋面下的室内温度要低 2.6 ℃，可以减少空调用电量。此外，建筑屋顶绿化可显著降低建筑物周围环境温度（0.5～4.0 ℃），而建筑物周围环境的温度每降低 1 ℃，建筑物内部空调的容量可降低 6%。不论是在北方还是南方，种植屋面都有保温作用。特别是干旱地区，入冬后草木枯死，土壤干燥，保温性能更佳。种植屋面的保温效果随土层厚度增加而增加。种植屋顶有很好的热惰性，不随气温骤然升高或骤然下降而大幅波动。

种植屋面工程由种植、防水、排水、绝热多项技术构成。种植屋面工程设计应遵循“防、排、蓄、植”并重和“安全、环保、节能、经济，因地制宜”的原则。种植屋面不宜设计为倒置式屋面。

种植平屋面的基本构造层次包括基层、绝热层、找坡（找平）层、普通防水层、耐根穿刺防水层、保护层、排（蓄）水层、过滤层、种植土层和植被层等。可根据各地区气候特点、屋面形式、植物种类等情况，适当增减屋面构造层次。

种植坡屋面的基本构造层次应包括基层、绝热层、普通防水层、耐根穿刺防水层、保护层、排（蓄）水层、过滤层、种植土层和植被层等。可根据各地区气候特点、屋面形式和植物种类等情况，适当增减屋面构造层次。坡度小于10%的坡屋面的植被层和种植土层不易滑坡，可按平屋面种植设计要求执行。屋面坡度大于或等于20%的种植坡屋面应设置防滑构造，分为满覆盖种植和非满覆盖种植两种情况。

（三）蓄水屋面

蓄水屋面是在刚性防水屋面上蓄一层水，利用水蒸发时带走大量水层中的热量，从而大量消耗晒到屋面的太阳辐射热，降低屋面温度。设置蓄水屋面是一种较好的隔热措施，是改善屋面热工性能的有效途径。

在相同的条件下，蓄水屋面使屋顶内表面的温度输出和热流响应降低很多，且受室外扰动的干扰较小，具有很好的隔热和节能效果。蓄水屋面一般是在混凝土刚性防水层上蓄水，这既可利用水层隔热降温，又改善了混凝土的使用条件，避免了直接暴晒和冰雪雨水引起的急剧伸缩，且长期浸泡在水中有利于混凝土后期强度的增长。同时由于混凝土有的成分在水中继续水化产生湿涨，因此水中的混凝土有更好的防渗水性能。蓄水的蒸发和流动能及时地将热量带走，减缓了整个屋面的温度变化。另外，在屋面上蓄上一定厚度的水，增大了整个屋面的热阻，从而降低了屋面内表面的最高温度。经实测，深蓄水屋面的顶层住户的夏日温度比普通屋面要低2～5 ℃。

蓄水屋面又分为普通蓄水屋面和深蓄水屋面。普通蓄水屋面需定期向屋顶供水，以维持一定的水面高度。深蓄水屋面则可利用降雨量来补偿水面的蒸发，基本上不需要人为供水。蓄水屋面除了增加结构的荷载，还会由于防水处理不当而出现漏水、渗水现象。因此，蓄水屋面既可用于刚性防水屋面，也可用于卷材防水屋面。采用刚性防水层时也应按规定做好分格缝，防水层做好后应及时养护，蓄水后不得断水。采用卷材防水层时，其做法与卷材防水屋面相同，应注意避免在潮湿条件下施工。

六、建筑遮阳技术

在夏季，阳光通过建筑窗口照射房间，会导致室内过热。窗口阳光的直接照射会使人感到炎热难受，以致影响工作和学习。对于空调建筑，窗口阳光的直接照射也会大大增加空调负荷，造成空调能耗过高。直射阳光照射到工作面上，会造成眩光，刺激人的眼睛。在某些房间，阳光中的紫外线往往使一些被照射的物品褪色、变质，以致损坏。为了避免上述情况、节约能源，建筑设计通常应采取必要的遮阳措施。多年来，遮阳这种传统高效的防热措施常常被人们忽略，但是近几年来，世界能源短缺和绿色生态理念重新赋予了建筑遮阳以新的活力。

（一）遮阳的主要功能

遮阳是防止过多直射阳光直接照射房间而设置的一种建筑构件。遮阳是历史最悠久、简便高效的建筑防热措施，许多遮阳既用于建筑的室内防热，同时也为室外活动提供了阴凉的空间。古希腊和古罗马建筑的柱廊和柱式门廊都具有这种功能。我国古建筑屋顶巨大的挑檐也具有明显的遮阳作用。许多著名的建筑也表现出对遮阳的重视，并且运用它创造了强烈的视觉效果。世界著名现代建筑师勒·柯布西耶（Le Corbusier）和赖特（Frank Lloyd Wright）也在其多数建筑设计中都运用了遮阳的手法。建筑遮阳既为人创造了温暖的舒适感，同时也能够为建筑勾勒出独特的线条，从而营造出一种强烈的美学效果。

（二）遮阳的分类

根据不同的分类方式，遮阳可以分为许多类型。依据所处位置，遮阳可以分为室内遮阳、室外遮阳和中间遮阳；依据可调节性，遮阳可以分为固定遮阳和活动遮阳；依据所用材料，遮阳可以分为混凝土遮阳、金属遮阳、织物遮阳、玻璃遮阳和植物遮阳等；依据布置方式，遮阳可以分为水平遮阳、垂直遮阳、综合遮阳和挡板遮阳等；依据构造和形态，遮阳可以分为实体遮阳、百叶遮阳和花格遮阳等类型。

有时，很多建筑并未设置上述比较典型的遮阳，但是建筑师经过某些构造处理也可实现建筑遮阳的功能。例如，将窗户深深嵌入很厚的外墙墙体内，其效果相当于设置了一个比较窄的遮阳。

（三）遮阳的防热、节能原理

日照总共由三部分构成：太阳直射、太阳漫射和太阳反射辐射。当不需要太阳辐射采暖时，在窗户上可以安装遮阳以遮挡直射阳光，同样也可以遮挡漫射光和反射光。因此，遮阳装置的类型、大小和位置取决于所受阳光直射、漫射和反射影响部位的尺度。反射光往往是最好控制的，可以通过减少反射面来实现，最好的调节方法常常是利用植物。漫射光是很难控制的，因此常用附加室内遮阳或是采用玻璃窗内遮阳的方法。控制直射光的有效方式是室外遮阳。

遮阳与采光有时是互相影响甚至是互相矛盾的。不过，通常可以采取恰当的方式，利用遮阳设计将太阳能引入室内，这样既可以提供高质量的采光，同时又减少了辐射到室内的热量。理想的遮阳装置应该能够在保温良好的视野和微风吹入窗内时，最大限度地阻挡太阳辐射。

（四）遮阳设计原则

遮阳的尺寸和类型应依据建筑的类型、气候条件和建筑场地的纬度确定。

遮阳设计应该将遮阳尽可能设计成建筑的一部分，建筑各个朝向应当选择适宜的遮阳类型。根据建筑节能设计标准的要求，不同朝向的开窗面积也应该有所区别。活动遮阳比固定装置使用更方便高效，应该优先选用植物遮阳，室外遮阳比室内遮阳和玻璃遮阳更为理想。

（五）固定遮阳

固定遮阳包括水平遮阳、垂直遮阳和挡板遮阳三种基本形式：①水平遮阳能够遮挡从窗口上方射来的阳光，适用于南向外窗；②垂直遮阳能够遮挡从窗口两侧射来的阳光，适用于北向外窗；③挡板遮阳能够遮挡平射到窗口的阳光，适用于接近于东西向外窗。

实际中可以单独选用遮阳形式或者对其进行组合，常见的还有综合、固定百叶、花格遮阳等。

固定式遮阳因为构造简单、造价低、维修少等，比活动遮阳装置使用的更为广泛。然而，固定遮阳装置的效果因不能调节而受到一定影响，在某些场合不如活动遮阳装置使用率高。

（六）活动遮阳

固定遮阳不可避免地会与采光、自然通风、冬季采暖等产生矛盾。活动遮阳可以根据使用者个人爱好及其他需求，自由地控制遮阳系统。活动遮阳的形式包括遮阳卷帘、活动百叶遮阳、遮阳篷、遮阳纱幕等。

1.遮阳卷帘

它适用于各个朝向的窗户。当卷帘完全放下的时候，能够遮挡住绝大部分的太阳辐射，这时候进入外窗的热量只有卷帘吸收的太阳辐射能量向内传递的部分。如果采用热导率小的玻璃，则进入窗户的太阳热量非常少。此外也可以适当保持卷帘与窗户玻璃之间的距离，利用自然通风带走卷帘上的热量，这也能有效减少卷帘上的热量向室内传递。

2.活动百叶遮阳

活动百叶遮阳有升降式百叶帘和百叶护窗等形式。百叶帘既可以升降，也可以调节角度，在遮阳、采光和通风之间达到了平衡，因而在办公楼宇及民用住宅得到了很大的应用。根据材料的不同，分为铝百叶帘、木百叶帘和塑料百叶帘。百叶护窗的功能类似于外卷帘，在构造上更为简单，一般为推拉的形式或者外开的形式，在国外得到大量的应用。

3.遮阳篷

这类产品很常见，但各自安装太显杂乱。

4.遮阳纱幕

这类产品既能遮挡阳光辐射，又能根据材料选择控制可见光的进入量，防止紫外线，并能避免眩光的干扰，适合于炎热地区。纱幕的材料主要采用玻璃纤维，耐火防腐且坚固耐久。

第二节 可再生能源利用技术

为了促进可再生能源的开发利用，增加可再生能源及材料供应，改善能源结构，保障能源安全，保护环境，实现经济社会的可持续发展，我国制定了《中华人民共和国可再生能源法》。

可再生能源法中所称可再生能源，是指风能、太阳能、水能、生物质能、地热能、海洋能等非化石能源。可再生能源法要求从事国内地产开发的企业应当根据规定的技术规范，在建筑物的设计和施工中，为太阳能利用提供必备条件。对于既有建筑，住户可以在不影响其质量与安全的前提下安装符合技术规范和产品标准的太阳能利用系统。虽然我国在风能、生物质能、太阳能等领域已经取得了积极的成果，同时在地热（地冷）的开发利用方面也进行了有益的探索，但由于经济、技术等原因，这些技术并没有在建筑上得到广泛的应用。目前发展较快、在建筑领域便于推广、应用的可再生能源主要是太阳能和地热（地冷）能。

一、太阳能利用技术

（一）我国的太阳能资源

太阳能是取之不尽、用之不竭的天然能源，我国是太阳能丰富的国家。全国总面积 2/3 以上地区年日照数大于 2 000 h，辐射总量在 3 340～8 360 MJ/m^2，相当于 110～280kg 标准煤的热量。全国陆地面积每年接受的太阳辐射能约等于 2.4 万亿吨标准煤。如果将这些太阳能有效利用，那么对于减少二氧化碳排放，保护生态环境，保障经济发展过程中能源的持续、稳定供应都将具有重大意义。

（二）太阳能利用技术

太阳能利用的基本形式分为被动式和主动式。被动式的工作机理主要是“温室效应”。它是一种完全通过建筑朝向和周围环境的合理布置、内部空间和外部形体的巧妙处理，以及材料、结构的恰当选择、集取，蓄存、分配太阳热能的建筑，如被动式太阳房。主动式即全部或部分应用太阳能光电和光热新技术为建筑提供能源。应用比较广泛的太阳能利用技术有以下几种：

1.太阳能热水系统

应用太阳能集热器可组成集中式或分户式太阳能热水系统，为用户提供生活热水，目前在国内该技术最成熟，应用最广泛。

太阳能热水器理论上是一次投资，使用不花钱。实际上这是不可能的，因为无论任何地方，每年都有阴云雨雪天气以及冬季日照不足天气。在此气候下主要靠电加热制热水（也有一些产品是靠燃气加热），每年平均有 25%～50% 以上的热水需要完全靠电加热（地区之间不尽相同，阴天多的地区实际耗电量还要大）。这样一来太阳能热水器实际耗电量比热泵热水器大。此外，敷设在太阳能热水器室外管路上的“电热防冻带（只在北方地区有）”，也要消耗大量电能。因此，选用时应综合考虑。

2.太阳能光电系统

应用太阳能光伏电池、蓄电、逆变、控制、并网等设备，可构成太阳能光电系统。光电电池的主要优点：可以与外装饰材料结合使用，运行时不产生噪声和废气；光电板的质量很轻，它们可以随时间按照射的角度转动；同时太阳能光电板外观优美，具有特殊的装饰效果，更赋予建筑物鲜明的现代科技色彩。

目前，光电池和建筑围护结构一体化设计是光电利用技术的发展方向，它能使建筑物从单纯的耗能型转变为供能型。产生的电能可独立存储，也可以并网应用。并网式适合于已有电网供电的用户，当产生的电量大于用户需求时，多余的电量可以输送到电网，反之可以提供给用户。

光电技术产品还有太阳能室外照明灯、信息显示屏、信号灯等。目前光电池面临的一大难题是成本较高，但随着应用的增加，会大幅度降低生产成本。我国已经开展了晶硅高效电池、非晶硅和多晶硅薄膜电池等光电池以及光伏发电系统的研制，并建成了千瓦级的独立和并网的光伏示范项目。

建筑的太阳能光电利用在充分利用太阳能的同时，改善了建筑室内环境和外部形象，节省了常规能源的消耗，同时还减少了二氧化碳等有害气体排放，对保护环境也有突出贡献。太阳能光电利用的效益评价决不能仅仅局限于眼前的经济效益，应该充分考虑这种改造对未来所产生的社会和环境效益（后者甚至比前者更重要），应充分认识太阳能光电利用的战略意义。

3.太阳墙采暖通风技术

太阳墙采暖通风技术的原理是建筑将南向“多余”的太阳能收集起来加热

空气，再由风机通过管道系统将加热的空气送至北向房间，达到采暖通风的效果。太阳墙系统由集热和气流输送两部分组成，房间是蓄热器。集热系统包括垂直墙板、遮雨板和支撑框架。气流输送系统包括风机和管道。太阳墙板材覆于建筑外墙的外侧，上面开有大量密布的小孔，与墙体的间距由计算决定，一般在200 mm 左右，形成的空腔与建筑内部通风系统的管道相连，管道中设置风机，用于抽取空腔内的空气。

二、地能利用原理与技术

近年来的国内外科学研究揭示，土壤温度的变化随着深度的增加而减小，到地下 15 m 时，这种变化可忽略。土壤温度一年四季相对稳定，地能利用技术就是利用地下土壤温度这种稳定的特性，将大地作为热源（也称地能，包括地下水、土壤或地表水），将土壤作为最直接、最稳定的换热器，通过输入少量的高位能源（如电能），经过热泵机组的提升作用，将土壤中的低品位能源转换为可以直接利用的高品位能源。

（一）地能利用原理

地能利用原理就是通过热泵机组将土壤中的低品位能源转换为可以直接利用的高品位能源，这样就可以在冬季把地能作为热泵供暖的热源，把高于环境温度的地能中的热能取出来供室内采暖，在夏季把地能作为空调的冷源，把室内的热能取出来释放到低于环境温度的地能中，以实现冬季向建筑物供热、夏季制冷的目的，并可根据用户的要求随时提供热水。

（二）国内外地能利用情况

地能利用在国外已有数十年历史，地源热泵技术在北美和欧洲非常成熟，已经是一种被广泛采用的空调系统。到 2016 年，欧美地源热泵中央空调系统产品的市场占有率达到 30%，瑞士 50%的新建建筑均采用地源热泵空调系统，美国投入使用了 50 万套地源热泵中央空调系统，加拿大安大略省 40%的建筑均采用地源热泵空调系统。

在我国，自 20 世纪 90 年代清华大学等科研机构开发出填补国内空白的节能冷暖机及地温中央空调后，这种环保型空调已经处在发展阶段。近年来，在科技部、生态环境部等部门的大力支持和推荐下，地源热泵技术受到了广泛的关注和重视，地源热泵中央空调已经在一些国家机关、企业和建筑物上推广使用，显示出了广阔的应用前景。

（三）地源热泵技术

地源热泵是地能利用的一种常见方式，它是利用地下浅层地热源资源（也称地能，包括地下水、土壤或地表水等）既可制热又可制冷的高效节能空调系统。地源热泵通过输入少量的高品位能源（如电能），实现由低温位热能向高温位热能转移。地能分别在冬季作为热泵供暖的热源和夏季空调的冷源。在冬季，把地能中的热取出来，提高温度后供室内采暖；在夏季，把室内热量取出来，释放到地能中去。由于系统采取了特殊的换热方式，因此具有传统空调无法比拟的高效节能优点。

1.土壤埋管地源热泵

土壤埋管地源热泵是通过埋设在土壤中的高效传热管及管内流动的循环液与大地换热，从而对建筑物进行空气调节的技术。冬季通过热泵提取大地中低位热能并将其转化提高到 50 ℃左右，对建筑物供暖；夏季通过热泵将建筑物内的热量排放在土壤中，使冷却水温度下降，从而对建筑物供冷。土壤提供了一个绝好的免费能量存储源泉。

2.地下水热泵系统

地下水的应用因存在不可避免的污染问题而在我国受到严格的限制，且地下水易抽难灌，推广难持久。

3.地表水热泵系统

在10 m或更深的湖中，可提供10 ℃的直接制冷，比地下埋管系统投资要小，水泵能耗较低，可靠性高，维修要求低、运行费用低。在温暖地区，湖水可做热源。

（四）地源热泵应用方式

根据应用的建筑物对象，地源热泵可分为家用和商用两大类；按输送冷热量方式可分为集中系统、分散系统和混合系统。家用系统是指用户使用自己的热泵、地源和水路或风管输送系统进行冷热供应，多用于小型住宅、别墅等户式空调。

1.集中系统

热泵布置在机房内，冷热量集中通过风道或水路分配系统送到各房间。

2.分散系统

用户单独使用自己的热泵机组调节空气，一般用于办公楼、学校、商用建筑等，此系统可将用户使用的冷热量完全反应在用电上，便于计量。

3.混合系统

混合系统是将地源和冷却塔或加热锅炉联合使用以作为冷热源的系统。混合系统与分散系统非常类似，只是冷热源系统增加了冷却塔或锅炉。南方地区冷负荷大、热负荷低，夏季适合联合使用地源和冷却塔，冬季只使用地源。北方地区热负荷大、冷负荷低，冬季适合联合使用地源和锅炉，夏季只使用地源。这样可减少地源的容量和尺寸，节省投资。分散系统或混合系统实质上是一种水环路热泵空调系统形式。

第三节　城市雨水利用技术

一、城市雨水利用的意义和现状

（一）城市雨水利用的意义

降雨是自然界水循环过程的重要环节，雨水对调节和补充城市水资源量、改善生态环境起着极为关键的作用。雨水对城市也可能造成一些负面影响，如雨水常常使道路泥泞，间接影响市民的工作和生活；排水不畅时，也可造成城市洪涝灾害等。因此，城市雨水往往要通过城市排水设施来及时、迅速地排除。

雨水作为自然界水循环的阶段性产物，其水质优良，是城市中十分宝贵的水资源。通过合理的规划和设计，采取相应的工程措施，可充分利用城市雨水。这样不仅能在一定程度上缓解城市水资源的供需矛盾，而且还可有效地减少城市地面水径流量，延滞汇流时间，减轻排水设施的压力，减少防洪投资和洪灾损失。

城市雨水利用就是通过工程技术措施收集、储存并利用雨水，同时通过雨水的渗透、回灌补充地下水及地面水源，维持并改善城市的水循环系统。

（二）城市雨水利用的现状

人类对雨水的利用具有悠久的历史。20 世纪 70 年代以来，英国、德国、美国、日本等国对雨水利用十分重视，对雨水的集水方面进行了大量的理论研究和实际应用。

以英国世纪穹顶为例。该建筑是英国为了迎接 21 世纪的到来而在格林威治兴建的。该建筑中心穹顶高 50 m，屋顶面积 100 000 m^2。作为环保措施的一部分，泰晤士河公司在该穹顶安装了大型的中水回收装置，将穹顶的雨水收集起来，为建筑内的厕所冲洗提供了 100 m³/d 的回收水。收集的雨水一次通过一级芦苇床、潟湖及三级芦苇床。该处理系统不仅利用自然的方式有效地预处理了雨水，而且很好地融入了实际穹顶的景观中。

德国是欧洲开展雨水利用工程最好的国家之一。德国利用公共雨水管收集雨水并经过简单的处理后到达杂用水水质标准，可用于街区公寓的厕所冲洗和庭院浇灌。目前，德国要求在新建小区（无论是工业、商业、居住区）均设计雨水利用设施，否则政府将征收雨洪排放设施税和雨水排放费。

美国的雨水利用以提高天然入渗能力为宗旨，针对城市化引起河道下游洪水泛滥的问题，美国的科罗拉多州、佛罗里达州、宾夕法尼亚州分别制定了雨水管理条例。各州普遍推广屋顶蓄水和由入渗池、井、草地、透水路面组成的地表回灌系统，其中加利福尼亚州弗雷斯诺市年回灌量占该市年用水量的 1/5。

我国的城市雨水利用具有悠久的历史，而真正意义上城市雨水利用的研究与应用却是从 20 世纪 80 年代开始的，并于 20 世纪 90 年代发展起来。总的来说，我国城市雨水利用起步较晚，技术还较落后，目前主要在缺水地区有一些小型、局部的非标准性应用，缺乏系统性。21 世纪以来，我国一些城市的建筑物已建有雨水收集系统，但是没有处理和回用系统，比较典型的有大连的獐子岛和舟山市葫芦岛等雨水集流利用工程。

我国大中城市的雨水利用基本处于探索与研究阶段，多个大中城市相继开展研究，已显示出良好的发展势头。由于北京市缺水形势严峻，因而雨水利用工作发展较快。2001 年国务院批准了包括雨洪利用规划内容的“21 世纪初期首都水资源可持续利用规划”，这对北京市的雨水利用具有极大的推动作用。

北京市某中学的雨水利用项目取得了明显的社会、经济效益。该中学总计 1 500 人，总占地面积 24 640 m²，其中建筑占地 8 934 m²，道路、广场、运动场占地 10 154 m²，绿地面积 5 552 m²（包括景观水体面积 500 m²）。为了有效地保护和利用水资源，改善学校景观和环境，促进生态环境建设与可持续发展，该校在校园内实施了雨水利用项目。该中学考虑对校区汇集的雨水进行净化，然后用于冲厕、冲洗操场、绿化，不再外排。这不但可节约自来水，也降低了排水系统的建造费用，削减了雨水径流量和污染负荷。根据学校地形和地质条件，考虑雨水收集的方式和途径，学校决定利用暗渠收集地面雨水。为节省占地，学校将调节储存池设于校内景观水体之下。将校园内一块绿地改造为生态净化池，雨水由调节储存池泵入生态净化池，既减少了占地面积，缩短了管线使用量，又改善了水质。屋面雨水和路面雨水通过地形坡度先引入建筑附近的低势绿地或浅沟进行截污、下渗。对学校厨房的洗菜废水，设专门的管道将其汇入收集雨水的暗渠。与传统雨水排放设计方案进行技术经济比较，将雨水作为新的水源，减少了管网负荷和污染负荷，减少了污水处理费用。虽然初期投资高出约 86 万元，但其优势是每年可利用雨水 8 000 m^3，按 4 元/m^3 计，每年可节约水费 3.2 万元；调节储存池等可调节洪峰流量，使校区具有较大的防洪能力；采用生态设计，能有效地利用雨水，保障了景观水体水质。因此，该项目虽然投资较大，但充分利用了雨水资源，改善了生态环境，其远期经济效益和社会效益是初期投资无法比拟的。

目前，我国雨水利用多在农村的农业领域，城市雨水利用的实例相对较少。随着城市的发展，可供城市利用的地表水和地下水资源日趋紧缺，加强城市雨水利用的研究，实现城市雨水的综合利用，将是城市可持续发展的重要基础。

二、城市雨水利用设施

（一）雨水收集系统

雨水收集系统是将雨水收集、储存并经简易净化后供给用户的系统。依据雨水收集场地的不同，可将雨水收集系统分为屋面集水式和地面集水式两种。

屋面集水式雨水收集系统由屋顶集水场、集水槽、落水管、输水管、简易净化装置（粗滤池）、储水池和取水设备组成。地面集水式雨水收集系统由地面集水场、汇水渠、简易净化装置（沉砂池、沉淀池、粗滤池）、储水池和取水设备组成。

（二）雨水收集场

1.屋面集水场

坡度往往影响屋面雨水的水质。因此，要选择适当的屋面材料，一般可选用石板、水泥瓦、镀锌铁皮等材料。不宜收集草皮屋顶、石棉瓦屋顶、油漆涂料屋顶的水，因为草皮中会积存大量微生物和有机污染物，石棉瓦在水冲刷浸泡下会析出对人体有害的石棉纤维，有些油漆和涂料不仅会使水有异味，在雨水作用下还会溶出有害物质。

2.地面集水场

地面集水场是按用水量的要求在地面上单独建造的雨水收集场。为保证集水效果，场地宜建成有一定坡度的条形集水区，坡度不小于 1∶200。在低处修建一条汇水渠，汇集来自各条形集水区的降水径流，并将水引至沉沙池。汇水渠坡度应不小于 1∶400。

（三）雨水储留方式

1.城市集中储水

城市集中储水是指通过工程设施将城区雨水径流集中储存，以备处理后用于城市杂用水或消防等方面的工程措施。

2.分散储水

分散储水是指通过修筑小水库、塘坝、水窖（储水池）等工程设施，把集流场所拦蓄的雨水储存起来，以备利用。

（四）雨水简易净化

1.屋面集水式的雨水净化

舍弃初期雨水后，屋面集水的水质较好，因此采用粗滤池净化，出水消毒后便可使用。

2.地面集水式的雨水净化

地面集水式雨水收集系统收集的雨水一般水量大，但水质较差，要通过沉砂、沉淀、混凝、过滤和消毒处理后才能使用。实际应用时可根据原水水质和出水水质的要求对上述处理单元进行增减。

（五）雨水渗透

雨水渗透是通过人工措施将雨水集中并渗入补给地下水的方法。雨水渗透可增加雨水向地下的渗入量，使地下水得到更多的补给量，对维持区域水资源平衡，尤其对地下水严重超采区控制地下水水位持续下降具有十分积极的意义。研究和应用表明，渗透设施对涵养雨水和抑制暴雨径流的作用十分显著。根据设施的不同，雨水渗透方法可分为散水法和深井法两种。散水法是通过地面设施（如渗透检查井、渗透管、渗透沟、透水地面或渗透池等）将雨水渗入地下的方法。深井法是将雨水引入回灌并直接渗入含水层的方法，对缓解地下水位持续下降具有十分积极的意义。

雨水渗透设施主要包括以下几种：

①多孔沥青及混凝土地面。

②草皮砖。草皮砖是带有各种形状空隙的混凝土铺地材料，开孔率可达20%～30%。

③地面渗透池。当有天然洼地或贫瘠土地可利用，且土壤渗透性能良好时，可将汛期雨水集于洼地或浅塘中，形成地面渗透池。

④地下渗透池。地下渗透池是利用碎石空隙、穿孔管、渗透渠等储存雨水

的装置，它的最大优点是利用地下空间而不占用日益紧缺的城市地面土地。由于雨水被储存于地下蓄水层的孔隙中，因而不会滋生蚊蝇，也不会对周围环境造成影响。

⑤渗透管。渗透管一般采用穿孔管材或用透水材料（如混凝土管）制成，横向埋于地下，在其外围填埋砾石或碎石层。汇集的雨水通过透水壁进入四周的碎石层，并向四周土壤渗透。渗透管具有占地少、渗透性好的优点，便于在城市及生活小区设置，可与雨水管系统、渗透池及渗透井等综合使用，也可单独使用。

⑥回灌井。回灌井是利用雨水人工补给地下水的有效方法，主要设施有管井、大口井、竖井等，以及管道和回灌泵、真空泵等。目前国内的深井回灌方法有真空（负压）、加压（正压）和自流（无压）三种方式。

三、雨水利用设计的要点

（一）可用雨量的确定

雨水在实际利用时受到许多因素的制约，如气候条件、降雨季节的分配、雨水水质、地形地质条件以及特定地区建筑的布局和构造等。因此，在雨水利用时要根据利用目的，通过合理规划，在技术和经济可行的条件下使降雨量尽可能多地转化为可利用雨量。

（二）雨水利用的高程控制

当城市住宅小区和大型公共建筑区进行雨水利用，尤其是以渗透利用为主时，应统一考虑高程设计和小区平面设计、绿化、停车场、水景布置等，如使道路高程高于绿地高程。屋面径流经初期弃流装置后，通过花坛、绿地、渗透明渠等进入地下渗透池和地下渗透管沟等渗透设施。在有条件的地区，可通过水量平衡计算，也可结合水景设计综合考虑。

（三）雨水渗透装置

雨水渗透是通过一定的渗透装置来完成的，目前常用的雨水渗透装置有以下几种：渗透浅沟、渗透渠、渗透池、渗透管沟、渗透路面等，每种渗透装置可单独使用也可联合使用。

①渗透浅沟为用植被覆盖的低洼，较适用于建筑庭院内。

②渗透渠为用不同渗透材料建成的渠，常布置于道路、高速公路两旁或停车场附近。

③渗透池是用于雨水滞留并进行渗透的池子。对于有良好天然池塘的地区，可以直接利用天然池塘，以减少投资。也可人工挖掘一个池子，池中填满砂砾和碎石，再覆以回填土。碎石间空隙可储存雨水，被储藏的雨水可以在一段时间内慢慢入渗。

④渗透管沟是一种特殊的渗透装置，不仅可以在碎石填料中储存雨水，而且可以在渗透管中储存雨水。

⑤渗透路面有三种：一是渗透性柏油路面，二是渗透性混凝土路面，三是框格状镂空地砖铺砌的路面。临近商业区、学校及办公楼等的停车场和广场多采用第三种路面。

（四）初期弃流装置

雨水初期弃流装置有很多种形式，但目前在国内主要处于研发阶段，在实施时要考虑具体可操作性，并便于运行管理。初期弃流量应根据当地情况确定。

（五）雨水收集装置的容积确定

如果雨水用作中水补充水源，首先需要设贮水池，以收集雨水并调节水量。该贮水池容积可通过绘制某一设计重现期下不同降雨历时流至贮水池的径流量曲线求得：画出曲线后，对曲线下的面积求和，该值即为贮水池的有效容积。

四、雨水利用中的问题及解决途径

（一）大气污染与地面污染

空气质量直接影响着降雨的水质。我国严重缺水的北方城市，大气污染已是普遍存在的环境问题。这些城市的雨水污染物浓度较高，有的地方已形成酸雨。这样的雨水降落至屋面或地面，比一般的雨水更容易溶解污染物，从而导致雨水利用时处理成本增加。

地面污染源也是雨水利用的严重障碍。雨水溶解了流经地区的固体污染物或与液体污染物混合后，形成了污染的雨水径流。当雨水中含有难以处理的污染物时，雨水的处理成本将成倍增加，影响雨水的利用。

改善城市水资源供需矛盾是一个十分宏大的系统工程，它涉及自然、环境、生态、经济和社会各个领域。它们之间相辅相成，缺一不可。要重视大气污染和地表水污染的防治，根治地面固体污染源。

（二）屋面材料污染

屋面材料对屋面初期雨水径流的水质影响很大。目前我国城市普遍采用的屋面材料（如油毡、沥青）中有害物的溶出量较高，因此要大力推广使用环保材料，以保证利用雨水和排出雨水的水质。

（三）降水量的确定

降雨过程存在着季节性和很大的随机性，因此雨水利用工程设计中必须掌握当地的降雨规律，否则集水构筑物、处理构筑物及供水设施将无法确定。

降雨径流量的大小主要取决于次降雨量、降雨强度、地形及下垫面条件，包括土壤型、地表植被覆盖、土壤的入渗能力及土壤的前期含水率等。

（四）雨水渗透工程的实施

雨水渗透工程是城市雨水补给地下水的有效措施。在工程设计与实施中，要注意渗透设施的选址、防止渗透装置堵塞和避免初期雨水径流的污染等问题。

第四节 污水再利用技术

随着全球工农业的飞速发展，用水量及排水量正逐年增加，而有限的地表水和地下水资源又不断被污染，加上地区性的水资源分布不均匀和周期性干旱，从而导致淡水资源日益短缺，水资源的供需矛盾越来越尖锐。在这种形势下，人们不得不在天然水资源（地下水、地表水）之外，通过多种途径开发新的水资源。主要途径有：海水淡化；远距离跨区域调水，以丰补缺，改变水资源分布不均的自然状况；污水处理利用。相比之下，污水处理利用比较现实易行，具有普遍意义。

一、污水再利用的意义

（一）缓解水资源短缺

由于全球性水资源危机正威胁着人类的生存和发展，世界上很多国家和地区已对城市污水处理利用进行总体规划，把经适当处理的污水作为一种新水源，以缓解水资源的紧缺状况。我国推行城市污水资源化，把处理后的污水作为第二水源加以利用，这是合理利用水资源的重要途径，可以减少城市新鲜水的取用量，减轻城市供水不足的压力和负担，缓解水资源的供需矛盾。

（二）合理使用水资源

城市用水并非都需要优质水，只需满足所需要的水质要求即可。以生活用水为例，其中用于烹饪、饮用的水只占 5%左右，而对于占 20%、30%的不同人体直接接触的生活杂用水则并无过高的水质要求。为了避免市政、娱乐、景观、环境用水过多而占用居民生活所需的优质水，水质要求较低的应该提倡采用污水处理后满足要求的再用水，即原则上不将高一级水质的水用于低一级水质要求的场合，这应是合理利用水资源的基本原则。

（三）提高水资源利用的效益

城市污水和工业废水的水质相对稳定，易于收集，处理技术也较成熟，基建投资比远距离引水经济得多，并且污水回用所收取的水费可以使污水处理获得有力的财政支持，使水污染防治得到可靠的经济保证。另外，污水处理利用减少了污水排放量，减轻了对水体的污染，可以有效地保护水源，相应降低取自该水源的水处理费用。

（四）环境保护的重要措施

污水处理利用是对污水的回收利用，而且污水中很多污染物需要同时回收。

二、城市污水回用及可行性

城市污水回用包括两种方式：隐蔽回用和直接回用。隐蔽回用一般是指上游污水排入江河，下游取用；或者一地污水回渗地下，另一地回用。直接回用则是指对城市污水加以适当处理后直接利用。污水直接回用一般需要满足三个基本要求：水质合格、水量合用和经济合理。

（一）技术可行性

与用水量几乎相当的城市污水中只有 0.1%的污染物质，是完全可以经过处理后再利用的。现代污水回用有上百年的历史，技术上已相当成熟。国外如日本、以色列、德国等地方，建设有许多区域或单独的中水道系统，积累了一定的技术和管理方面的经验，是比较成功的。我国也有许多成功的污水回用工程的例子。

（二）经济效益可行性

城市污水处理厂一般建在城市周围，在许多城市，污水经过二级处理后可就近回用于城市和大部分工农业部门，无须支付再生费用，以二级处理出水为原水的工业净水厂的治水成本一般低于甚至远低于以自然水为原水的自来水厂，这是因为取水距离大大缩短，节省了水资源费、远距离输水费和基建费。此外，城市污水回用要比海水淡化经济，污水中所含的杂质少，只有 0.1%，可用深度处理方法加以去除；而海水则含有 3.5%的溶解盐和有机物，其杂质含量为污水二级处理出水的 35 倍以上。因此，无论基建费用还是运行成本，海水淡化费用都超过污水回用的处理费用，城市污水回用有较明显的经济优势。

（三）环境效益可行性

城市污水具有量大、集中、水质水量稳定等特点，污水进行适度处理后回用于工业生产，可使占城市用水量 50%左右的工业用水的自然取水量大大减少，使城市自然水耗量减少 30%以上，这将大大缓解水资源的不足，同时减少向水域的排污量，在带来可观的经济效益的同时也带来相当大的环境效益。

三、污水再利用类型和途径

（一）作为工业冷却水

国外城市污水在工业上主要用于对水质要求不高但用水量大的领域。我国工业用水的重复利用率很低，与世界发达国家相比差距很大。近年来，我国许多地区开展了污水回用的研究与应用，取得了不少好经验。

在城市用水中，70%以上为工业用水，而工业用水中 70%～80%为水质要求不是很高的冷却水，将适当处理后的城市污水作为工业用水的水源，是缓解缺水城市供需矛盾的途径之一。工业用水户的位置一般比较集中，且一年四季连续用水，因而是城市污水处理厂出水的稳定受纳体。根据生产工艺要求、水冷却方式和循环水的散热形式，循环冷却水系统可分为密闭式和开放式两种。

（二）作为其他工业用水

对于多种多样的工业，每种工艺用水的水质要求和每种废水排出的水质各有不同，必须在具体情况具体分析的基础上经调查研究确定。

一般工业部门愿意接受饮用水标准的水，有时工业用水水质要比饮用水水质要求更严格。在这种情况下，工厂要按要求进行补充处理。再利用污水在其水质满足不同的工业用水要求的情况下，可以广泛应用于造纸、化学、金属加工、石油、纺织等领域。

（三）作为生活杂用水

生活杂用水主要用于城市绿化、建筑施工、洗车、扫除洒水、建筑物厕所冲洗等场合。随着城市污水截流干管的修建，原有的城市河流湖泊常出现缺水断流现象，影响城市美观与居民生活环境。再生水回用于景观水体在美国、日本较为普遍。再生水回用于景观水体要注意水体的富营养化问题，以保证水体美观。要防止再生水中存在病原菌以及有些毒性有机物对人体健康和生态环境造成危害。

（四）作为农田灌溉水

将污水作为灌溉用水在世界各地具有悠久的历史，在 19 世纪后半期的欧洲发展最快。随着人口增加和工农业的发展，水资源紧缺日趋严峻，农业用水尤为紧张，污水农业回用在世界上尤其是缺水国家和发达国家日益受到重视。

我国水资源并不丰富，又具有空间和时间分布不均匀的特点。多年来，在广大缺水地区，水成为农业生产的主要限制因素。污水灌溉曾经成为解决这一矛盾的重要举措。

从国外和我国多年实行污水灌溉的经验可见，用于农业特别是粮食、蔬菜等作物灌溉的城市污水，必须经过适当处理以控制水质，含有毒有害污染物的废水必须经过必要的点源处理后才能排入城市的排水系统，再经过综合处理达到农田灌溉水质标准后才能引灌农田。总之，加强城市污水处理是发展农业污水回用的前提，农业污水回用只有同水污染治理相结合才能取得良好的成绩。城市农业污水回用较其他方面回用具有很多优点，如水质要求、投资和基建费用较低，可以变为水肥资源，容易形成规模效益；可以利用原有灌溉渠道，无须管网系统，既可就地回用，也可以处理后储存。

（五）作为地下回灌水

污水处理后向地下回灌是将水的回用与污水处置结合在一起的最常用的方法之一。国内外许多地区已经采用处理后污水回灌的方式来弥补地下水的不足。污水经过处理后另一种可能的用途是向地下回灌再生水，阻止咸水入侵。污水经过处理后还可向地下油层注水。国外很多油田和石油公司已经进行了大量的注水研究工作，以提高石油的开采量。

四、污水处理技术

由于污水再生利用的目的不同，污水处理的工艺技术也不同。水处理技术按其机理可分为物理法、化学法、物理化学法和生物法等，污水再生利用技术通常需要多种工艺合理组合，对污水进行深度处理，单一的某种水处理工艺很难达到回用水水质要求。

（一）物理法

无论是生活污水还是工业废水都含有不同数量的漂浮物和悬浮物质，通过物理方法去除这些污染物的方法即为物理处理。常用的处理方法有以下几种：

①筛滤截留法，主要是利用筛网、格栅、滤池与微滤机等技术来去除污水中的悬浮物。

②重力分离法，主要有重力沉降和气浮分离两种方法。重力沉降主要是依靠重力分离悬浮物；气浮分离是依靠微气泡黏附上浮分离不易沉降的悬浮物，目前最常用的是压力溶气及射流气浮。

③离心分离法，不同质量的悬浮物在高速旋转的离心力场作用下依靠惯性被分离。主要使用的设备有离心机与旋流分离器等。

④高梯度磁分离法，利用高梯度、高强度磁场分离弱磁性颗粒。

⑤高压静电场分离法，主要是利用高压静电场改变物质的带电特性，使之成为晶体从水中分离；或利用高压静电场局部高能破坏微生物（如藻类）的酶系统，杀死微生物。

（二）化学法

化学方法是采用化学反应处理污水的方法，主要有以下几种：

①化学沉淀法，以化学方法析出并沉淀分离水中的物质。

②中和法，用化学法去除水中的酸性或碱性物质，使其pH值达到中性附近。

③氧化还原法，利用溶解于废水中的有毒有害物质在氧化还原反应中能被氧化或还原的性质，将其转化为无毒无害的新物质。

④电解法，电解质溶液在电流的作用下，发生电化学反应的过程称为电解。利用电解的原理来处理废水中的有毒物质的方法称为电解法。

（三）物理化学法

①离子交换法，以交换剂中的离子基团交换去除废水中的有害离子。

②萃取法，以不溶于水的有机溶剂分离水中相应的溶解性物质。

③气提与吹脱法，去除水中的挥发性物质，如低分子、低沸点的有机物。

④吸附处理法，以吸附剂（多为多孔性物质）吸附分离水中的物质，常用的吸附剂是活性炭。

⑤膜分离法，利用隔膜使溶剂（通常为水）与溶质或微粒分离。

（四）生物法

生物法包括活性污泥法、生物膜法、生物氧化塘、土地处理系统和厌氧生物处理法等。

第五节 建筑节材技术

在我国目前的工业生产中，原材料消耗一般占整个生产成本的 70%～80%。建筑材料工业高能耗、高物耗、高污染，是对不可再生资源依存度非常高、对天然资源和能源资源消耗大、对大气污染严重的行业，是节能减排的重点行业。钢材、水泥和砖瓦砂石等建筑材料是建筑业的物质基础。节约建筑材料，降低建筑业的物耗、能耗，减少建筑业对环境的污染，是建设资源节约型社会与环境友好型社会的必然要求。因此，搞好原材料的节约对降低生产成本和提高企业经济效益有着十分现实的意义。

一、建筑节材的技术途径

我国建筑业材料消耗数量惊人，这反过来也表明我国建筑节材的潜力巨大。就目前可行的技术而言，建筑节材技术可以分为三个层面：建筑工程材料应用方面的节材技术、建筑设计方面的节材技术、建筑施工方面的节材技术。

（一）建筑工程材料应用方面

在建筑工程材料应用方面，建筑节材的技术途径是多方面的，如尽量配制轻质高强结构材料，尽量提高建筑工程材料的耐久性和使用寿命，尽可能采用包括建筑垃圾在内的各种废弃物，尽可能采用可循环利用的建筑材料等。目前较为可行的技术包括以下几种：

（1）可取代黏土砖的新型保温节能墙体材料的工程应用技术，如外墙外保温技术、保温模板一体化技术等。该类技术可以节约大量的黏土资源，同时可以降低墙体厚度，减少墙体材料消耗量。

（2）散装水泥应用技术。城镇住宅建设工程限制使用包装水泥，广泛应用散装水泥；水泥制品如排水管、压力管、水泥电杆、建筑管桩、地铁与隧道用水泥构件等全部使用散装水泥。该类技术可以节约大量的木材资源和矿产资源，减少能源消耗量，同时可以降低粉尘及二氧化碳的排放量。

（3）采用商品混凝土和商品砂浆。例如，商品混凝土集中搅拌，比现场搅拌可节约水泥 10%，且可使砂、石材料的损失减少 5%～7%。

（4）轻质高强建筑材料工程应用技术，如高强轻质混凝土等。高强轻质材料不仅本身消耗资源较少，而且有利于减轻结构自重，可以减小下部承重结构的尺寸，从而减少材料消耗。

（5）以耐久性为核心特征的高性能混凝土及其他高耐久性建筑材料的工程应用技术。采用高耐久性混凝土及其他高耐久性建筑材料可以延长建筑物的使用寿命，减少维修次数，所以在客观上避免了建筑物过早维修或拆除而造成的巨大浪费。

（二）建筑设计方面

（1）设计时采用工厂生产的标准规格的预制成品或部件，以减少现场加工材料所造成的浪费。这样一来，势必促进建筑业向工厂化、产业化方向发展。

（2）设计时遵循模数协调原则，以减少施工废料量。

（3）设计方案中尽量采用可再生原料生产的建筑材料或可循环再利用的建筑材料，降低不可再生材料的使用率。

（4）设计方案中提高高强钢材使用率，以降低钢材消耗量。

（5）设计方案中要求使用高强混凝土，提高散装水泥使用率，以降低混凝土消耗量，从而降低水泥、砂石的消耗量。

（6）对建筑结构方案进行优化。例如，某设计院在对 50 层的建筑物进行结构设计时，采用结构设计优化方案可节约材料达 20%。

（7）建筑设计尤其是高层建筑设计应优先采用轻质高强材料，以减轻结构自重，减少材料用量。

（8）建筑的高度、体量、结构形态要适宜，过高、结构形态怪异的建筑物，往往需要增加材料用量。

（9）采用有利于提高材料循环利用效率的新型结构体系，如钢结构、轻钢结构体系以及木结构体系等。以钢结构为例，钢结构建筑在整个建筑中所占比重，发达国家超过 50%，但在我国却不到 5%，差距巨大。但从另一个角度看，差距也是动力和潜力。随着我国“住宅产业化”步伐的加快以及钢结构建筑技术的发展，钢结构建筑将逐渐走向成熟，钢结构建筑必将成为我国建筑的重要组成部分。另外，木材为可再生资源，属于真正的绿色建材，发达国家已经开始注重发展木结构建筑体系。例如在美国，新建住宅的 89%为木结构体系。

（三）建筑施工方面

（1）采用建筑工业化的生产与施工方式。建筑工业化的好处之一就是节约材料，与传统现场施工相比可减少许多不必要的材料浪费，在提高施工效率的同时也减少施工的粉尘和噪声污染。根据发达国家的经验，建筑工业化的一般节材率可达 20%、节水率达 60%。

（2）采用科学严谨的材料预算方案，尽量降低竣工后建筑材料剩余率。

（3）采用科学先进的施工组织和施工管理技术，使建筑垃圾产生量占建筑材料总用量的比例尽可能降低。

（4）加强工程物资与仓库管理，避免优材劣用、长材短用、大材小用等不合理现象。

（5）大力推行一次装修到位，减少耗材、耗能和环境污染。目前，提供毛坯房的做法已经满足不了市场的需求，也不适应社会化大生产的发展趋势。住宅的二次装修不仅造成质量隐患、资源浪费、环境污染，也不利于住宅产业现代化的发展。提供成品住宅，实现住宅装修一次到位，将是建筑业的发展主流。

（6）尽量就地取材，减少建筑材料在运输过程中的损坏及浪费。我国社会经济的可持续发展面临着能源和资源短缺的危机，所以社会各行业必须始终坚持走节约型发展道路，共建资源节约型和环境友好型社会。建筑业作为能源和资源的消耗大户，更需要大力发展节约型建筑。我国建筑节材潜力巨大，技术可行，前景广阔。

二、建筑节材技术的发展趋势

（一）建筑结构体系节材

1.有利于材料循环利用的建筑结构体系

目前广泛采用的现浇钢筋混凝土结构在建筑物废弃之后将产生大量建筑垃圾，造成严重的环境负荷。钢结构在这方面有着突出的优势，材料部件可重复使用，废弃钢材可回收，资源化再生程度超过 90%。资料显示，在欧美发达国家，钢结构建筑数量占总建筑的比重达到 30%～40%。目前我国钢结构住宅的发展刚刚起步，应积极发展和完善钢结构及其围护结构体系的关键技术，发展钢结构建筑，提高钢结构建筑的比例，促进钢结构建筑的产业化发展。

除了钢结构，木结构以及装配式预制混凝土建筑都是有利于材料循环利用的建筑结构体系。随着城市建设中旧混凝土建筑物拆除量的增加和环境保护要求的提高，再生混凝土的生产及应用也将逐步成为建筑业节约材料、循环利用的重要方式。

2.建筑结构监测及维护加固关键技术

建筑结构服役状态的监测及结构维护、加固改造关键技术对于延长建筑物寿命具有重要意义，因而对建筑节材也具有重要促进作用。这些技术主要包括结构诊断评估技术、复合材料技术、加固施工技术，特别是碳纤维玻璃纤维粘贴加固材料与施工技术。

3.新型节材建筑体系和建筑部品

当代绿色节能生态建筑的发展将不断催生新型节材建筑体系和建筑部品。应针对我国目前建筑业发展的实际情况，自主创新，积极开发和推广新型的节材建筑体系和建筑部品，建立建筑节材新技术的研究开发体系和推广应用平台，加快新技术、新材料的推广应用。

（二）节材技术

1.高强、高性能建筑材料技术

高强材料（主要包括高强钢筋、高强钢材、高强水泥、高强混凝土）的推广应用是建筑节材的重要技术途径，这需要建筑设计规范与有关技术政策的支持。

围护结构材料的高强轻质化不仅降低了围护结构本身的材料用量，而且可以降低承重结构的材料用量。高强度与轻质是一个相对的概念，高强轻质材料制备技术不仅体现在对材料本体的改型性上，而且也体现在材料部品结构的轻质化设计上。例如，水泥基胶凝材料的发气和引气技术，替代实心黏土砖的各种空心砖、砌块和板材的孔洞构造设计，以及其他复合轻质结构等。在围护结构中应用新型轻质高强墙体材料是建筑围护结构发展的趋势。

2.提高材料耐久性和建筑寿命的技术

材料耐久性的提高和建筑物寿命的显著提高可以产生更大的节约效益。采用先进的材料制备技术，将工业固体废物加工成混凝土性能调节材料和性能提高材料，制备绿色高性能混凝土及其建筑制品将成为广泛应用的材料技术。这种高性能建筑材料的制备和应用，利用了大量的工业废渣，原材料丰富且减少了环境污染。所以，诸如高耐久性高性能混凝土材料、钢筋高耐蚀技术、高耐候钢技术及高耐候性的防水材料、墙体材料、装饰装修材料等，将为提高建筑寿命提供支撑，成为我国建筑节材的战略技术途径之一。

3.有利于节材的建筑优化设计技术

优化设计包括结构体系优化、结构方案优化等。开展优化设计工作，需要制定鼓励发展和使用优化技术的政策文件和技术规范，指导工程设计人员建立各种结构形式的优选方案。通过对经济、技术、环境和资源的对比分析，提出优化设计报告方案，是节约资源、纠正不良设计倾向的重要环节。在设计技术的优化方面，应该在保证结构具有足够安全性和耐久性的基础上，充分兼顾结构体系及其配套技术对建筑物各生命阶段能源、资源消耗的影响以及对环境的影响，充分遵循可持续发展的原则，力求节约，避免或减少不必要或华而不实的建筑功能设计和建筑选型。

4.可重复使用和资源化再生的材料生态化设计技术

循环经济理念将逐步成为建筑设计的指导原则，建筑材料制品的设计和结构构造将考虑建筑物废弃后建筑部件的可拆卸、可重复使用和可再生利用问题。此外，对建筑材料的选择、加工以及建筑部品的设计将尽量考虑废弃后的可再生性，尽量提高资源利用率。相关法律法规也鼓励建筑业使用各种废弃物，促进建筑垃圾的分类回收和资源利用的规模化、产业化发展，降低再生建材产品的成本，促进推广应用。

5.建筑部品化及建筑工业化技术

集约化、规模化和工厂化生产及应用是实现建筑工业化的必由之路，建筑构配件的工厂化、标准化生产及应用技术更能体现发展节能省地型建筑要求的技术政策。从我国发展的实际情况来看，钢结构构件、建筑钢筋的工厂化生产及其现代化配送关键技术，高尺寸精度的预制水泥混凝土和水泥结构制品结构构件，墙板、砌块的生产及应用关键技术，以及装配式住宅产业化技术等可能先得到发展和突破。

（三）管理节材

1.工程项目管理技术

开发先进的工程项目管理软件，建立健全管理制度，提高项目管理水平，是减少材料浪费的重要和有效途径。先进的工程项目管理技术将有助于加强建筑工程原材料消耗核算管理，严格设计、施工生产等流程管理规范，最大限度地减少现场施工造成的材料浪费。

2.建筑节材相关标准规范

建筑节材相关标准规范是决定材料消耗定额的技术法规，提高相关标准规范的水平，开展修订工作将有利于淘汰建筑业中高耗材的落后工艺、技术、产品和设备。政府将加强建筑节材相关标准规范的修订工作，提高材料消耗定额管理水平，加大有关建筑节材技术标准规范的修订投入，制定更加严格的建筑节材相关标准和评价指标体系，建立强制淘汰落后技术与产品的制度，制定鼓励以节材型产品代替传统高耗材产品的政策措施。同时，也应开展建筑节材示范工程建设，促进建筑节材工作。

三、循环再生材料和技术

（一）建筑废弃物的再生利用

据统计，工业固体废弃物中的 40%是建筑业排出的，废弃混凝土是建筑业排出量最大的废弃物。一些国家在建筑废弃物利用方面的研究和实践已卓有成效。废弃混凝土用于回填或路基材料是极其有限的，但作为再生集料用于制造混凝土、实现混凝土材料的循环利用是混凝土废弃物回收利用的发展方向。将废弃混凝土破碎作为再生集料既能解决天然集料资源紧张的问题，利于集料产地环境保护，又能减少城市废弃物的环境污染问题，实现混凝土生产的物质循环闭路化，保证建筑业的长久可持续发展。因此，国外大部分研究机构都将重点放在废弃混凝土作为再生集料技术上。很多国家都建立了以处理混凝土废弃物为主的加工厂，生产再生水泥和再生骨料。日本很早就制定了《资源重新利用促进法》，规定建筑施工过程中产生的渣土、沥青混凝土块、木材、金属等建筑垃圾，须送往“再生资源化设备”进行处理。

我国城市的建筑废弃物日益增多，目前我国一些城建单位对建筑废弃物的回收利用做了有益的尝试，成功地将部分建筑垃圾用于砌筑砂浆、内墙和顶棚抹灰、混凝土垫层等。一些研究单位也开展了用城市垃圾制取烧结砖和混凝土砌块技术，并且具备了推广应用的水平。

（二）危险性废料的再生利用

国外自20世纪70年代开始着手研究用可燃性废料作为替代燃料来生产水泥。大量的研究与实践表明，水泥回转窑是非常好的处理危险废物的焚烧炉。水泥回转窑燃烧温度高，物料在窑内停留时间长，又处在负压状态下，工况稳定。对各种有毒性、易燃性、腐蚀性、反应性的危险废弃物具有很好的降解作用，不向外排放废渣，焚烧物中的残渣和绝大部分重金属都被固定在水泥熟料中，不会对环境产生二次污染。同时，这种处置过程是与水泥生产过程同步进行的，处置成本低，因此被国外专家认为是一种合理的处置方式。

可燃性废弃物的种类主要有工业溶剂、废液（油）和动物骨粉等。目前，世界上至少有100多家水泥厂已使用了可燃废弃物，如日本约有一半水泥企业处理各种废弃物；欧洲每年要焚烧处理100万吨有害废弃物；瑞士某公司可燃废弃物替代率已达80%，其他20%的燃料仍为二次利用燃料石油焦；美国大部分水泥厂利用可燃废弃料锻烧水泥，替代量达到25%～65%；法国某公司可燃废弃物替代率超过50%。欧盟在2000年公布了2000/76/EC指令，对欧盟国家在废弃物焚烧方面提出技术要求，其中专门列出了用于在水泥厂回转窑混烧废弃物的特殊条款，用以促进可燃性废料在水泥工业处置和利用的发展。我国从

20世纪90年代开始利用水泥窑处理危险废物，并已取得一定的成绩。

（三）利用其他废料制造建筑材料

1.利用废塑料

在废塑料中加入作为填料的粉煤灰、石墨和碳酸钙，采用熔融法制瓦。产品的耐老化性、吸水性、抗冻性都符合要求抗折强度（14～19 MPa）。用废塑料制建筑用瓦是消除“白色污染”的一种积极方法，以粉煤灰作瓦的填料可实现废物的充分利用。利用废聚苯乙烯经加热消泡后，可重新发泡制成隔热保温板材。将消泡后的聚苯乙烯泡沫塑料加入一定剂量的低沸点液体改性剂、发泡剂、催化剂、稳定剂等，经加热使可发性聚苯乙烯珠粒预发泡，然后在模具中加热制得具有微细密闭气孔的硬质聚苯乙烯泡沫塑料板。该板可以单独使用，也可在成型时与陶粒混凝土形成层状复合材料，亦可成型后再用薄铝板包敷做成铝塑板。在北方采暖地区，该法所生产的聚苯乙烯泡沫塑料保温板具有广泛用途和良好的发展前景。

2.利用生活垃圾

利用生活垃圾制造的烧结砖可达到垃圾减量化处理的目的，既减少污染，又可形成环保产业，提高效益。日本已成功开发利用下水道污泥焚烧灰生产陶瓷透水砖的技术。陶瓷透水砖的焚烧灰用量占总量的44%，作为骨料的废瓷砖用量占总量的48.5%。该砖上层所用结合剂也是废釉，废弃物的用量达95%。该陶瓷透水砖内部形成许多微细连续气孔，强度较高，透水性能优良。日本还开发了利用下水道污泥焚烧灰作为原料制造建筑红砖的技术。我国台湾地区在黏土砖中掺入质量不超过30%的淤泥，在900 ℃下将其烧制成砖，不仅处理了污泥，还在烧制中将有毒重金属都封存在污泥中，同时也杀灭了所有有害细菌和有机物。

3.利用废玻璃

废玻璃回收利用的途径主要包括制备玻璃混凝土、建筑墙体材料生产、建筑装饰材料生产和泡沫玻璃生产四种。玻璃混凝土指在沥青或水泥混凝土中将废玻璃替代部分集料而成的混凝土。废玻璃替代部分集料不仅使废弃资源得到最大化利用，而且使工程造价大大降低，可节约费用20%～30%。废玻璃可替代黏土制备砖、砌块等建筑墙体材料，玻璃可作为助熔剂进而降低砖的烧结温度，增加砖的强度，提高砖的耐久性，同时可以减少化石能源的消耗。废玻璃可以制作玻璃马赛克等建筑装饰材料，废玻璃也可用于生产泡沫玻璃。泡沫玻璃是指玻璃体内充满无数气泡的一种玻璃材料，具有良好的隔热、吸声、难燃等特点。

4.废旧轮胎的利用

随着汽车行业的发展，全球每年因汽车报废产生的固体废弃物达上千万吨，其中废旧汽车轮胎是一类较难处理的有机固体废弃物。目前大量的利用是在建材方面，如废旧橡胶集料混凝土、废旧橡胶沥青混凝土等。

第五章 绿色建筑与绿色施工、装修

第一节 绿色施工

施工是将建筑规划与设计付诸实施，运用能源、资源和建材建造建筑产品的过程。这个过程也是实现建筑节能、环保、生态和谐及可持续发展的重要环节。

传统的建筑项目施工由于缺乏节约意识和严格管理，往往在大量建设的同时也带来了大量消耗和废弃，造成资源浪费和环境污染。例如，在建筑建造过程中，有时会由于建造和拆除而破坏原有的自然资源；运输材料时会有遗洒，破坏环境卫生；建造时会消耗大量的生产、生活水电，产生超标的噪声，排放粉尘，产生大量的废弃建筑垃圾；装修时会发生油漆、涂料以及化学品的泄漏，释放甲醛等有害气体。这些都会污染环境，损害人体健康。为解决上述问题并实现建筑施工的绿色化，产生了绿色施工的概念。

一、绿色施工的含义

所谓绿色施工，是指工程建设中，在保证质量、安全等基本要求的前提下，通过科学管理和技术进步，最大限度地节约资源与减少对环境负面影响的施工活动。绿色施工有利于实现“四节一环保”（节能、节地、节水、节材和环境保护）。实施绿色施工，应依据因地制宜的原则，贯彻国家、行业和地方相关的技术经济政策。绿色施工应符合国家的法律、法规及相关的标准规范，实现经济效益、社会效益和环境效益的统一，还应运用 ISO14000 和 ISO18000 管理体系，将绿色施工有关内容分解到管理体系目标中去，使绿色施工规范化、标准化。

二、绿色施工的主要内容

绿色施工是建筑全寿命周期中的一个重要阶段。实施绿色施工，应进行总体方案优化，在建筑规划、设计阶段，就要充分考虑绿色施工的总体要求，为绿色施工提供基础条件；在施工阶段，还需对施工策划、材料采购、现场施工、工程验收等环节进行控制，加强对整个施工过程的管理和监督。绿色施工的具体内容包括六个方面：施工管理、环境保护、材料利用与节约、水资源利用与节约、能源利用与节约、施工用地节约与保护。

（一）施工管理

施工管理为建筑施工提供总体方案和环保节能措施，为绿色施工的顺利实现提供组织、人员、制度、进度、措施与指标等方面的保证。施工管理开始于施工之前，贯穿于整个施工过程，包括组织管理、规划管理、动态管理、评价管理、人员安全与健康管理。

组织管理与规划管理主要是在施工之前进行的工作。组织管理为绿色施工建立相应的管理体系，并制定相关的管理制度与目标，明确项目经理为绿色施工第一责任人，并指定绿色施工各部分的管理人员和监督人员，确定他们的职责与权限。规划管理则是根据建筑的规划设计，建筑所在地区自然、气候条件以及工程所处的地理位置及其他方面的情况编制绿色施工方案，在方案中因地制宜地制定相应的环境保护措施、节材措施、节水措施、节能措施、节地与施工用地保护措施。

施工之后还要对施工进行动态管理、评价管理、人员安全与健康管理。绿色施工应对整个施工过程实施动态管理，对施工策划、施工准备、材料采购、现场施工、工程验收等环节进行管理和监督，采取自评与他评的办法，根据评估指标体系，结合工程特点，对绿色施工的方案实施过程、效果，以及采用的新技术、新设备、新材料与新工艺进行综合评估，既使施工能按设计与规划的要求进行，又对施工中出现的问题及时处理，确保施工能够按时、保质、保量完成。在施工过程中，还要有针对性地对绿色施工做相应的宣传，定期对职工进行绿色施工知识培训，营造绿色施工氛围，增强职工绿色施工的意识；通过合理布置施工场地，制定防尘、防毒、防辐射等防职业危害的措施，保护生活及办公区不受施工活动的影响，保障施工人员的生活条件和长期职业健康。

（二）环境保护

在建筑的施工过程中，会产生大量的扬尘、噪声、光污染、水污染和建筑垃圾，地下设施、文物和资源也会受到影响，土壤遭到破坏，增加环境负荷，因而应采取有力措施对这些方面实行有效控制，减少施工给环境带来的负面影响。

1.扬尘控制

施工中的扬尘主要来自土方作业、施工工序，垃圾、设备及建筑材料的运输与存放，现场搅拌以及建筑物的拆除。建筑扬尘是地表扬尘的主要来源之一，是影响城市环境空气质量的重要因素。施工中可采取封闭、覆盖、围挡、洒水等措施，防止扬尘产生。如对可能引起扬尘的材料及建筑垃圾搬运可采取覆盖、洒水或封闭运送车辆等措施，施工现场出口设置洗车槽；土方作业阶段，采取洒水、覆盖等措施；覆盖或封闭存放易产生扬尘的堆放材料、粉末状材料；浇筑混凝土前，清理灰尘和垃圾时尽量使用吸尘器，避免使用吹风器等易产生扬尘的设备；机械剔凿作业时可用局部遮挡、掩盖、水淋等防护措施；高层或多层建筑清理垃圾应搭设封闭性临时专用道或采用容器吊运；建筑物拆除前，做好扬尘控制计划，可采取清理积尘、设置隔档、建筑外设高压喷雾状水系统、搭设防尘排栅和直升机投水弹等措施综合降尘。

2.噪声与振动控制

建筑施工的噪声与振动主要是由施工中所用的机械设备、电动工具或运输工具产生的，噪声会影响人们的休息，干扰正常工作与生活。对建筑施工噪声与振动的控制要做到：合理安排施工进度与时间，有噪声的施工安排在白天进行，尽量减少夜间施工；尽量选用低噪声、低振动或有消声降噪设备的施工机械；将产生噪声的设备和活动远离人群，避免给他人带来干扰；采取隔音与隔振措施，减少或避免施工噪声和振动，确保噪声排放不得超过国家标准《建筑施工场界噪声限值》的规定。

3.光污染控制

光污染主要来自施工照明与电焊作业。施工照明时，应在夜间室外照明灯外加设灯罩，使透光方向集中在施工范围；在电焊作业时，采取遮挡措施，避免电焊弧光外泄。

4.水污染控制

施工中产生的水污染主要是由施工中的污水排放与化学品渗漏引起的。因此，应对施工现场的污水进行处理，设置相应的处理设施，如沉淀池、隔油池、化粪池等，在污水排放前委托有资质的单位进行废水水质检测，使排放的污水达到国家标准。对于化学品等有毒材料、油料的储存地，应有严格的隔水层设计，做好渗漏液收集和处理工作，避免地下水污染。

5.土壤保护

施工中地表环境的变动、有毒有害废弃物的产生会导致土壤流失与污染。因此，对于施工中产生的裸土，应及时覆盖砂石或种植速生草种，以减少土壤侵蚀；及时清掏各类池内沉淀物，并委托有资质的单位清运；对于有毒有害废弃物，如电池、墨盒、油漆、涂料等，应回收后交有资质的单位处理；施工后应恢复因施工活动被破坏的植被。

6.建筑垃圾控制

建筑施工过程中每日均产生大量垃圾，如泥沙、旧木板、钢筋废料和废弃包装物料等，它们大多为固体废弃物。绝大部分建筑垃圾未经任何处理，便被施工单位运往郊外或乡村，采用露天堆放或填埋的方式进行处理，不仅侵占土地，污染水体、大气、土壤，影响市容和环境卫生，还会造成安全隐患。因此，应对建筑垃圾的产生、排放、收集、运输、利用、处置的全过程进行统筹规划，应做到：尽可能减少和防止建筑垃圾的产生；对产生的垃圾尽可能通过回收进行资源化利用；对建筑垃圾进行分类，施工现场生活区设置封闭式垃圾容器，施工场地生活垃圾实行袋装化，及时清运；对垃圾的流向进行有效控制，防止垃圾无序倾倒。

7.地下设施、文物和资源保护

施工前应调查清楚地下各种设施，做好保护计划，保证施工场地周边的各类管道、管线、建筑物、构筑物的安全，避让、保护施工场区及周边的古树名木。施工过程中一旦发现文物，应立即停止施工，保护现场并通报文物部门，协助做好相关工作。

（三）材料利用与节约

施工中，由于选材不当、材料采购与管理不合理和施工方案考虑不周等，存在着大量的材料浪费现象。在施工中要达到节材、合理利用材料资源的目的，主要应关注以下几个方面：

1.在尽量保证质量与施工进度的前提下，选择耗材少的材料

例如，在结构材料中，尽可能使用预拌混凝土和商品砂浆，以减少混凝土的现场拌制；在采用水泥时，可优先采用散装水泥；在钢筋和混凝土中，则优先采用高强钢筋和高性能混凝土。与预拌混凝土生产方式相比，现场拌制混凝

土要多消耗10%～15%的水泥和5%～7%的砂石。同时，现场拌制混凝土受到技术人员水平、气候环境等因素的影响，除了不能确保质量，还会污染环境。当采用水泥时，与散装水泥相比，传统的袋装水泥需要消耗大量由小材制作的纸质包装材料，而且包装破损和袋内残留等造成的水泥损耗率较高，造成了很大的资源浪费。其他材料，如围护材料应用耐候性及耐久性良好的材料，周转性材料应选用耐用、维护与拆卸方便的周转材料和机具。

2.科学合理地进行材料采购、运输与存放

应根据施工进度、库存情况等合理安排材料的采购、进场时间和批次，减少库存。材料采购与运输时，应坚持就地取材的原则，选择适宜的运输工具和装卸方法，防止损坏和遗洒，根据现场平面布置情况就近卸载，减少和避免二次搬运。储存时，储存环境应适宜，施工现场的材料也应堆放有序，减少不必要的材料损耗。

3.优化施工方案，减少用材量

例如，对于大体积混凝土、大跨度结构等专项施工方案，应采取数字化技术进行优化；大型钢结构宜采用工厂制作，现场拼装，选择合适的安装方法；安装工程应制订预留、预埋、管线路径等方面的方案；钢筋及钢结构制作前应对下料单及样品进行复核，优化钢筋配料和钢构件下料、制作和安装方案；优先选用制作、安装、拆除一体化的专业队伍进行模板工程施工，施工前应对模板工程的方案进行优化，采取技术和管理措施，提高模板、脚手架等的周转次数。

（四）水资源利用与节约

施工中过多的水资源消耗主要是由节水措施不到位、没有充分利用其他水源导致的。施工中要节约用水、充分利用水资源，应在保证用水安全的前提下从两个方面入手。一是采取节水措施，提高用水效率。施工现场的用水，包括现场办公用水、生活区用水和项目临时用水，都应采用节水系统和节水器具，安装计量装置，对混凝土搅拌站点等用水集中的区域和工艺点进行专项计量考核，同时还应采取有效措施减少管网和用水器具的漏损。二是充分利用非传统用水。处于基坑降水阶段的工地，宜优先采用地下水作为混凝土搅拌用水、养护用水、冲洗用水和部分生活用水；施工现场应建立雨水、中水或可再利用水的收集利用系统，用于现场喷洒路面、绿化浇灌，以及现场机具、设备、车辆冲洗，使水资源得到梯级循环利用。

（五）能源利用与节约

施工现场的能源消耗主要产生于生产区和办公生活区两部分，前者的能耗占90%左右，因而是节能的重点。施工中的能源节约主要从以下两方面考虑：一是选用节能、高效、环保的施工设备和机具。优先使用国家、行业推荐的节能、高效、环保的施工设备和机具，如选用采用变频技术的节能施工设备等；合理安排工序，选择功率与负载相匹配的施工机械设备，设备应定期维修保养，避免出现设备额定功率远大于使用功率或超负荷使用设备的现象，降低设备的单位耗能。施工用电及照明优先选用节能电线和节能灯具，临电线路合理设计、布置，临电设备采用自动控制装置，采用声控、光控等节能照明灯具。此外，施工现场分别设定生产、生活、办公和施工设备的用电控制指标，定期进行计量、核算、对比分析，并制定预防与纠正措施。二是根据当地气候和自然资源条件，充分利用太阳能、地热等可再生能源。例如，利用场地自然条件，合理设计生产、生活及办公临时设施的体形、朝向、间距和窗墙面积比，使其获得良好的日照、通风和采光。

（六）施工用地节约与保护

建筑在施工的过程中由于施工作业、材料堆放、办公及施工人员的生活需要而占用土地，也对周边的环境产生一定的影响。因此，在施工中一方面应控制临时用地指标，合理确定临时设施及其平面布置，在满足环境、职业健康与安全以及文明施工要求的前提下提高临时设施占地面积的有效利用率；另一方面应保护临时用地，临时占地应尽量使用荒地、废地，少占用农田和耕地，尽可能减少对土地的扰动，施工后及时恢复原地形、地貌，将施工活动对周边环境的影响降至最低。

第二节　绿色装修

绿色建筑与节能环保化装修或装修中的绿色化，主要体现在装修设计、装饰材料的选择与装修施工中。装修是在建筑投入使用前对建筑的最后加工，其目的在于使建筑空间能够更好地发挥其使用功能，满足人们的审美需求，使人们的生活更加便利、舒适、健康。然而实际生活中，有些人盲目追求装修效果，导致存在过度装修的现象。例如，装修中，人们往往过于追求使用上的便利、审美上的个性化，从而破坏或废弃原有的结构与设施，进行过于复杂的设计与施工，采用过多的装修材料，这些不但带来了安全隐患，而且造成严重浪费。此外，装修中使用的过多或质量欠佳的材料排放出的有害物质大大危害了人们的健康，增加了因装修而患病的概率；装修产生的大量垃圾也增加了环境负荷。因而，建筑装修中的绿色也是绿色建筑不可或缺的重要组成部分。

一、装修设计

在装修设计中，应在保证安全的前提下，坚持节约与环保健康的理念与原则，进行适度装修，达到舒适、方便的目的。安全是指在装修设计中，应保持建筑原有的设计结构和相关的设施，如充分利用原有的墙体结构，保留原有的电器、煤气和厨卫设施，避免因大面积拆除与更换而带来安全隐患。节约主要是指在装修风格的选择上，应采用简约的风格，避免因过度追求复杂、奢华的装修而导致装饰材料过多使用，从而造成材料的浪费与有害物质的过量排放。在家用电器、照明设计与采暖设施的选择上也应在满足使用要求的前提下，选用节能效果好的产品。环保健康是指在设计时还需充分考虑装修中与装修后的室内外环境质量。装修中，应少采用产生大量装修垃圾的设计，减少对室外环境的负面影响；对采光、通风与室内装饰品搭配等方面进行合理设计，保证装修后的室内有充分的阳光照射、适宜的温度和较低的噪声干扰，室内的色彩搭配和谐宜人，使整个室内环境健康、舒适。

二、装修施工

装修施工中的绿色要做到：合理安排施工作业程序和施工材料的裁量，减少不合理施工与裁量不当造成的材料浪费，节约水、电等能源，减少资源的消耗；合理安排施工时间与进度，减少因施工给周围环境带来的噪声及其他方面的干扰；施工中不用或少用有毒材料或化学物质，保证施工人员的身体健康。

第三节　绿色建筑的节能环保化维护与运营

建筑的运营阶段是建筑交付使用、实现其功能的阶段，同时也是建筑全生命周期中历时最长、能耗最高、产生废弃物最多的时期。据统计，大部分建筑在这个阶段的能耗约占建筑整个生命周期总耗能的70%～80%，即使是能源效率最高的建筑物，运营阶段的耗能也占了50%～60%。在这个时期，由于部分材料与构件的使用寿命低于建筑整体寿命，再加上运行中的一些非正常损耗，建筑会产生表面损坏、技术系统故障、结构老化等问题，影响建筑正常功能的发挥，因此需要对建筑进行维护与整修，这些都会产生能源、资源与材料的再次消耗。因此，建筑运营阶段的资源与能源的节约及环境负荷的降低是建筑绿色化的重要内容。

建筑维护与运营过程的绿色化，主要体现在四个方面：资源与能源的节约、垃圾的管理与控制、绿化管理以及维护与维修管理。

一、资源与能源的节约

建筑运营阶段的资源与能源消耗主要由两部分构成：业主的消耗与公共消耗，而且业主的消耗占了绝大部分。因此，要实现资源与能源的节约，就需要业主与物业管理公司达成节约的共识，双方通力合作，共同商讨节能管理模式，制定节能管理制度，采用分户、分类的计量与收费，合同能源管理等方法与措施，努力达成节能、节源的设计指标要求。

二、垃圾的管理与控制

建筑运营过程中会产生大量垃圾，如果不进行及时处理或处理不当，不仅会影响环境的美观，而且会造成环境污染，滋生病菌和各种有害生物，导致疾病的传播，危害人类健康。部分垃圾若能够得到有效处理，则不仅可以避免上述问题，而且可转化成有效资源，从而达到节约的目的。建筑运营中主要从管理制度的制定与实施、垃圾分类收集与处理、垃圾收集设施的设置与管理等方面对垃圾进行管理与控制。

（一）管理制度的制定与实施

管理制度在垃圾的管理与控制中起规范、基础保障的作用。物业管理公司应在进行垃圾分类、收集、运输等整体系统规划的基础上，制定垃圾管理制度，包括垃圾管理运行操作手册、设施管理、经费管理、人员配备及机构分工、监督机制、定期的岗位业务培训和突发事件的应急反应处理系统等，对垃圾物流进行有效控制，防止垃圾无序倾倒和二次污染。

（二）垃圾分类收集与处理

建筑运营中产生的生活垃圾一般可分为四大类：可回收垃圾、厨余垃圾、有害垃圾和其他垃圾。不同垃圾对环境影响和可回收利用的程度不同，处理的方法也有差异。可回收垃圾主要包括废纸、塑料、玻璃、金属和布料五大类，这些垃圾通过综合处理可回收利用，可以减少污染，节省资源。厨余垃圾包括剩菜剩饭、骨头、菜根、菜叶、果皮等食品类废物，经生物技术就地处理堆肥，可生产有机肥料。有害垃圾包括废电池、废日光灯管、废水银温度计、过期药品等，这些垃圾需要经过特殊安全处理。其他垃圾包括除上述几类垃圾之外的砖瓦陶瓷、渣土、卫生间废纸、纸巾等难以回收的废弃物，这些废弃物采取卫生填埋可有效减少对地下水、地表水、土壤及空气的污染。垃圾分类收集、处理有利于资源回收利用，同时便于处理有毒有害的物质，减少垃圾的处理量，降低运输和处理过程中的成本。但垃圾分类处理的前提是垃圾分类收集、运输，因而应在建筑物周围设置垃圾分类收集桶，在运输中采取措施确保垃圾分类运输。

（三）垃圾收集设施的设置与管理

垃圾容器优先采用密闭容器，设在居住单元出入口附近隐蔽的位置，其数量、外观色彩及标志应符合垃圾分类收集的要求。垃圾容器应选用美观与功能兼备，并且与周围景观相协调的产品，应坚固耐用，不易倾倒，并有严格的保洁清洗措施。

三、绿化管理

建筑周围的绿化不仅可以美化环境，而且能够保持水土，净化空气，有益于身心健康。首先建筑运营中的绿化管理应建立绿化制度，明确绿化管理措施与责任；其次应选择耐候性强的乡土植物，并采取措施保证树木有较高的成活率；最后应建立并完善栽植树木的后期管护工作，如及时发现处理危树、枯死树木，对行道树、花灌木、绿篱定期修剪，草坪及时修剪，做好树木病虫害防治工作，采用无公害病虫害防治技术，规范杀虫剂、除草剂、化肥、农药等化学药品的使用，有效避免对土壤和地下水环境的损害。

四、维护与维修管理

对建筑进行维护与维修的目的在于确保建筑功能的正常发挥，保证与延长其使用寿命。维护与维修管理中的节约、环保的关键在于维护与维修方案的制订与有效的组织实施。维护与维修方案分为长期方案和短期方案，方案的制订应以生命周期成本最低为目标，在保证建筑物质量目标、安全目标、绿色目标的前提下，通过制订合理的维护方案，运用现代经营手段和修缮技术，对已投入使用的各类设施实行多功能、全方位的统一管理，以提高设施的经济价值和实用价值，降低维护与维修成本。在方案实施时，也需做好施工组织管理工作，以经济、适用、环保为原则，根据实际情况合理安排施工作业的程序。

第六章　绿色建筑与节能环保设计推广

第一节　政府对绿色建筑和节能环保的促进与管理

绿色建筑具有外部公益性，因而它的推动与发展需要以民众的绿色建筑意识为基础，需要经过从业人员的探索与实施，也需要政府的规范、引导与支持。只有各方通力协作，才能共同推动绿色建筑的发展。多年来，在政府各部门的引导与督促下，相关机构积极开展绿色建筑的教育与宣传工作，部分企业已投入绿色建筑发展的实践中，中国的绿色建筑发展已取得了一定的成果，但同时也存在着一些问题。目前，中国的绿色建筑发展正处在起步阶段，以绿色建筑理念为指导的建筑实践，已开始从示范性阶段步入实际操作阶段。

政府对绿色建筑的促进与管理，主要包括绿色政策、绿色示范工程建设、绿色评价与监督。多年来，在我国经济绿色化发展进程中，政府一般采取政策鼓励、标准规范、教育与宣传和市场推动等方式，在绿色建筑发展与推广中也不例外。

一、绿色建筑相关政策

为了促进绿色建筑的推广，国家相关部门先后出台了一系列相关的税收优惠政策、奖励政策、资金支持政策，鼓励绿色建筑及其相关产业的发展。

（一）税收优惠政策

针对节能建筑和墙体材料革新，我国先后制定了相关的税收优惠政策。

为推广节能建筑，我国在1991年4月16日颁布了《中华人民共和国固定资产投资方向调节税暂行条例》，它是我国关于绿色建筑方面的第一个激励性政策，对北方住宅节能工作起到了很大的促进作用。

为推进墙体材料革新，国家有关部门出台了鼓励利用工业废渣生产墙体材料的税收优惠政策。如财政部、国家税务总局于1994年3月9日下发了《关于企业所得税若干优惠政策的通知》（以下简称“《通知》”），明确企业利用废水、废气、废渣等废弃物为主要原料生产的产品，可在五年内减征或免征所得税。财政部、国家税务总局于2001年12月1日下发的《关于部分资源综合利用及其他产品增值税政策问题的通知》中规定，对在生产原料中掺有不少于30%的煤矸石、石煤、粉煤灰、烧煤锅炉的炉底渣（不包括高炉水渣）及其他废渣生产的水泥实行增值税即征即退的政策，将14类23种产品列入享受税收优惠政策的《新型墙体材料目录》，这类产品的企业享受增值税减半征收的政策。财政部、国家税务总局于2008年12月9日对2001年的《通知》进行了更新，下发了《关于资源综合利用及其他产品增值税政策的通知》，对相关规定进行了调整，如规定对企业销售自产的生产原料中掺兑废渣比例不低于30%的特定建材产品实行免征增值税政策，更新了享受税收优惠政策的《新型墙体材料目录》。为加快推广新型墙体材料，促进能源节约和耕地保护，2015年财政部、国家税务总局下发《关于新型墙体材料增值税政策的通知》，对纳税人销售自产的列入《新型墙体材料目录》的新型墙体材料，实行增值税即征即退50%的政策。

（二）奖励政策

为推动我国绿色建筑及其技术发展，建设部于2004年设立了全国绿色建筑创新奖，并分别于同年8月27日和10月18日颁布了《全国绿色建筑创新奖管理办法》《全国绿色建筑创新奖实施细则（试行）》。绿色建筑创新奖设立一等奖、二等奖、三等奖三个等级，每两年评审一次，分为工程类项目奖和技术与产品类项目奖。工程类项目奖包括绿色建筑创新综合奖项目、智能建筑创新专项奖项目和节能建筑创新专项奖项目；技术与产品类项目奖是指应用于绿色建筑工程中具有重大创新、效果突出的新技术、新产品、新工艺。2010年12月23日，住房和城乡建设部又颁布了《全国绿色建筑创新奖实施细则》和《全国绿色建筑创新奖评审标准》。根据我国推广绿色建筑的进展，《全国绿色建筑创新奖实施细则》对试行细则的部分条款进行了修改，规定住房和城乡建设部向获得创新奖的项目、单位和个人颁发证书和证牌，有关部门、地区和获奖单位可根据本部门、本地区和本单位的实际情况，对获奖单位和人员给予奖励。《全国绿色建筑创新奖评审标准》则从六个方面提出了评审标准，并明确了评审的办法，使得奖项的评审更加有据可依。

（三）资金支持政策

针对可再生能源建筑、国家机关办公建筑和大型公共节能建筑以及绿色建材，国家制定了相应的政策给予资金方面的支持。

1.国家机关办公建筑和大型公共建筑专项资金政策

为贯彻落实节能减排精神，推进国家机关办公建筑和大型公共建筑节能工作，财政部于2007年10月24日颁布了《国家机关办公建筑和大型公共建筑节能专项资金管理暂行办法》。办法规定，中央财政安排的专项资金用于支持国家机关办公建筑和大型公共建筑节能，对建立建筑节能监管体系支出进行补助，对采用合同能源管理形式对国家机关办公建筑和大型公共建筑实施的节能改造主体予以贷款贴息补助，地方建筑节能改造项目贷款，中央财政贴息 50%；中央建筑节能改造项目贷款，中央财政全额贴息。

2.可再生能源建筑应用专项资金政策

为促进可再生能源在建筑领域中的应用，提高建筑能效，保护生态环境，减少化石类能源消耗，规范可再生能源建筑应用专项资金的分配、使用和管理，财政部与建设部于 2006 年 9 月 4 日颁布了《可再生能源建筑应用专项资金管理暂行办法》，规定中央财政安排专项资金用于支持可再生能源建筑，专项资金以无偿补助形式给予支持，包括示范项目的补助，示范项目综合能效检测、标识，技术规范标准的验证及完善等，可再生能源建筑应用共性关键技术的集成及示范推广；示范项目专家咨询、评审、监督管理等支出；财政部批准的与可再生能源建筑应用相关的其他支出。

二、绿色建筑示范工程建设

自 20 世纪 90 年代以来，国家的相关部门在全国范围内开展了一系列与绿色建筑有关的示范工程，如建筑业新技术应用示范工程、建筑节能试点示范工程、双百工程、建筑遮阳技术和科技示范工程等。

（一）建筑业新技术应用示范工程

1994 年，建设部首次印发《关于建筑业 1994 年、1995 年和“九五”期间推广应用 10 项新技术的通知》，并先后于 1998 年、2005 年、2010 年进行过 3 次修订，适时总结提炼最具代表性、推广价值的共性技术和关键技术，使技术内涵不断更新、提升、发展，提出通过建立示范工程，促进新技术推广应用。

到 2010 年底，全国已有六批建筑业新技术应用示范工程通过了评审，这些工程多为建设规模大、技术复杂、质量标准要求高、社会影响大的房屋建筑工程、市政工程或铁路、交通、水利等土木工程和工业建设项目，它们应用了一项或者多项建筑业新技术。评审专家认为，后两批示范工程的技术水平有了较大提高。其中，国家游泳中心（水立方）工程达到国际领先水平，国家体育场（鸟巢）、北京地铁 10 号线等工程达到国际先进水平；北京首都国际机场 3 号航站楼、国家大剧院等工程达到国内领先水平。这些示范工程对行业整体技术水平的提高起到了有效的示范带动作用，产生了很大的经济效益和社会效益。

（二）建筑节能试点示范工程

为贯彻建设部《民用建筑节能管理规定》，执行国家有关建筑节能设计标准，建设部通过实施建筑节能试点示范工程（小区）推动全国各地建筑节能工作。2004 年 2 月建设部发布了《建设部建筑节能试点示范工程（小区）管理办法》，规定由县级以上地方建设行政主管部门负责示范工程的组织实施，同时结合示范工程制定本地区的建筑节能技术经济政策和管理办法，每年组织一次示范工程立项审查。各地在建设部的带动下，也纷纷出台了地方建筑节能示范工程管理办法，并开展了地区范围的示范工程评审工作，促进了当地建筑节能技术的推广。

（三）双百工程

为贯彻落实《国务院关于印发节能减排综合性工作方案的通知》的要求，根据《建设部关于落实＜国务院关于印发节能减排综合性工作方案的通知＞的实施方案》的工作部署，建设部在 2007 年启动了“一百项绿色建筑示范工程与一百项低能耗建筑示范工程”（简称“双百工程”）的建设工作。通过“双百工程”建设，我国形成了一批以科技为先导、以节能减排为重点、功能完善、特色鲜明、具有辐射带动作用的绿色建筑示范工程和低能耗建筑示范工程。

2010年6月，全国首个绿色建筑和低能耗建筑“双百示范工程”深圳市建筑科学研究院办公大楼绿色建筑示范工程顺利通过了住房和城乡建设部建筑节能与科技司组织的专家验收，该工程达到了国际先进水平，为规模化推进我国绿色建筑的建设做出了探索与示范。2010年12月，中国房地产开发企业协会在全国范围内开展“双百工程”评选，旨在表彰环保生态居住研究和实践的领跑者，为社会提供示范样板，为行业树立“绿色”旗帜。

（四）建筑遮阳技术和科技示范工程

2010年7月，为指导建筑遮阳技术的推广应用，引导建筑遮阳产业健康发展，住房和城乡建设部联合相关单位开展了建筑遮阳技术与科技示范工程的推广与申报工作。申报的建筑遮阳技术，经审定后列入《建筑遮阳推广技术目录》，并按照建设行业科技成果推广项目的管理程序，开展推广应用。各地区、各单位组织申报的建筑遮阳科技示范工程，经审定后将作为住房和城乡建设部建筑遮阳科技示范工程，纳入部年度科技计划项目进行管理。

三、绿色建筑评价与监督

为了确保绿色建筑相关政策及绿色建筑相关标准的有效实施，绿色建筑发展实践按照预期的轨迹进行，需要开展严格的评价与监督工作。在我国绿色建筑的发展实践中，绿色建筑评价与监督工作也取得了一定进展。

（一）绿色建筑评价

对绿色建筑进行评估，或在市场范围内为其提供一定规范和标准，可减少开发商与购房者之间的信息不对称，有利于消费者识别虚假炒作的绿色建筑，鼓励与提倡优秀绿色建筑，形成“优绿优价”的价格确定机制，从而达到规范建筑市场的目的。

为引导绿色建筑健康发展，规范绿色建筑评价标识工作，我国还建立了与绿色建筑相关的评价标识制度。

2006 年 12 月，为保证建筑门窗产品的节能性能，提高建筑物的能源利用效率，推进建筑门窗节能性能标识试点工作，建设部制定了《建筑门窗节能性能标识试点工作管理办法》，用以标识标准规格门窗的传热系数、遮阳系数、空气渗透率、可见光透射比等节能性能指标。2008 年 4 月，住房和城乡建设部发布了《民用建筑能效测评标识管理暂行办法》《民用建筑能效测评机构管理暂行办法》，对民用建筑的能效测评标识及其相关的活动进行管理。办法规定民用建筑能效水平按照测评结果划分为五个等级，并以星为标志。2008 年 6 月，住房和城乡建设部为落实《民用建筑能效测评标识管理暂行办法》，做好民用建筑能效测评标识试点工作，发布了《民用建筑能效测评标识技术导则（试行）》，对标识程序和相应的能效指标进行了详细的规定。2011 年 3 月，住房和城乡建设部已完成第一批民用建筑能效测评标识项目的评定工作，对包括北京市昌平区中关村国际商城一期在内的 37 个项目的民用建筑能效测评标识等级（理论值）进行了核定。

2007 年 8 月，建设部发布了《绿色建筑评价标识管理办法（试行）》，要求依据《绿色建筑评价标准》和《绿色建筑评价技术细则（试行）》，按照办法确定的程序和要求，对申请的建筑物进行绿色建筑等级评定，确认其等级并进行信息性标识评价，标识包括证书和标志。办法规定绿色建筑等级由低至高分为一星级、二星级和三星级三个等级。2007 年 10 月建设部科技发展促进中心依据《绿色建筑评价标识管理办法（试行）》，发布了《绿色建筑评价标识实施细则（试行）》，该细则对评价标识的组织管理工作做了详细的规定。自 2008 年起，我国每年都进行多批次绿色建筑的评定工作，越来越多的建筑获得绿色建筑评价标识。

2021年，住房和城乡建设部发布绿色建筑标识管理办法，对绿色建筑标识的申报和审查程序、标识管理等做了相应规定。绿色建筑标识认定需经申报、推荐、审查、公示、公布等环节，审查包括形式审查和专家审查，申报由项目建设单位、运营单位或业主单位提出，鼓励设计、施工和咨询等相关单位共同参与申报。在形式审查后，由住房和城乡建设部门组织专家审查，按照绿色建筑评价标准审查绿色建筑性能，确定绿色建筑等级。对于审查中无法确定的项目技术内容，组织专家进行现场核查。

住房和城乡建设部要求，各地住房和城乡建设部门应加强绿色建筑标识认定工作权力运行制约监督机制建设，科学设计工作流程和监管方式，明确管理责任事项和监督措施，切实防控廉政风险。获得绿色建筑标识的项目运营单位或业主，应强化绿色建筑运行管理，加强运行指标与申报绿色建筑星级指标比对，每年将年度运行主要指标上报绿色建筑标识管理信息系统。

（二）绿色建筑监督

除了通过上述的法规、制度对绿色建筑的相关工作进行管理与规范，有关部门还多次进行专项监督检查，以保证绿色建筑的推广与发展。例如，建设部在 2007 年底、2009 年底分别开展建设领域节能减排专项监督检查。检查内容包括新建建筑节能标准的执行情况、国家机关办公建筑和大型公共建筑节能监管体系的建立情况、北方采暖地区既有居住建筑供热计量及节能改造工作、可再生能源在建筑中的规模化应用进展和推广绿色建筑的进展。通过检查，相关部门发现绿色建筑发展过程中存在的问题，并总结相关经验，为进一步有效推广提供了参考。

第二节 绿色建筑与节能环保宣传教育

绿色建筑的推广不仅需要国家相关主管部门制定相应的法律、政策及标准加以引导与规范，还需要民众绿色建筑意识的觉醒和从业人员的积极参与，这需要进行绿色建筑的宣传与教育。目前，我国开展了形式多样的绿色建筑宣传与绿色教育活动，主要包括学校的绿色建筑教育、绿色建筑职业培训、绿色建筑专业研讨会和媒体绿色建筑宣传。

一、学校的绿色建筑教育

学校的绿色建筑教育主要分为两大类：专业教育和非专业教育。专业教育是针对高校建筑专业的学生进行的，主要形式是设置专业课程、开展实践教学、支持专项研究。如在建筑专业的专业必修课中设置一门绿色建筑课程，组织学生实地参观、调研绿色建筑，进行相关专题的设计，组织学生参加全国建筑院校绿色课程设计竞赛，设立绿色建筑奖学金等，有的学校还设立了专门的研究机构从事绿色建筑的相关研究，如某大学成立的生态规划与绿色建筑设计研究所、绿色建筑技术联合研究中心等。

非专业教育主要指针对高校中非建筑专业的学生和中小学生进行的绿色建筑宣传教育活动。有的学校已将绿色建筑的相关内容纳入公共选修课或公共必修课中，或采用在学校内开展有关绿色建筑的专题讲座的方式，在学生中传播、普及绿色建筑的相关理念与知识，培养学生的绿色建筑意识。

二、绿色建筑职业培训

职业培训主要是针对建筑行业从业人员进行的绿色建筑培训。目前相关的职业培训以行业主管部门的培训为主，如住房和城乡建设部为贯彻落实《国务院关于印发节能减排综合性工作方案的通知》精神，充分发挥和调动各地发展绿色建筑的积极性，提高我国绿色建筑整体水平，于 2009 年 10 月 13 日发布了《关于推进一二星级绿色建筑评价标识工作的通知》，并由住房和城乡建设部科技发展促进中心组织开展了针对地方相关管理和评审人员的培训考核工作，已先后在多地召开了相关培训会议，完成了针对当地管理人员、评审专家、专业评价人员、房地产商、设计和科研人员等的培训工作。此外，其他一些组织也分别开发了相关的培训项目，如同济大学教育培训中心组织开发了绿色建筑及其发展、建筑节能、绿色建筑 LEED 等培训项目；中国城市科学研究会绿色建筑研究中心开设了绿色建筑教育培训项目；中国建筑科学研究院上海分院绿色建筑与生态城研究中心则开设了绿色建筑投资策略高级研修课程。

三、绿色建筑专业研讨会

每年我国的相关部门都会组织一些与绿色建筑相关的专业研讨会。这些会议既有国际性的，也有全国性与地区性的，如国际绿色建筑与建筑节能大会暨新技术与产品博览会、绿色建筑国际研讨会、绿色建筑与节能国际会议等。其中最具代表性的是自 2005 年开始，每年举办一次的国际绿色建筑与建筑节能大会暨新技术与产品博览会。大会分为研讨会和展览会两大部分，研讨会部分由来自国内外的政府官员、专家学者和企业界人士交流、展示国内外绿色建筑与建筑节能的最新成果、发展趋势和成功案例，研讨绿色建筑与建筑节能技术标准、政策措施、评价体系和检测标识，分享国际国内发展智能、绿色建筑与建筑节能工作的新经验，促进我国住房和城乡建设领域的科技创新及绿色建筑与建筑节能的深入开展。展览会部分则由国内外的上百家知名企业向与会者展示与绿色建筑相关的规划设计方案及工程实例、最新技术与产品。这些会议的举办不仅促进了有关绿色建筑相关知识、技术、经验及产品的交流，而且促进了绿色建筑在实践中的推广。

四、通过媒体宣传绿色建筑

宣传绿色建筑的媒体主要涉及报纸、期刊、互联网，有些电视节目也有相关内容播出。报纸、期刊、互联网等媒体上每年都有大量有关绿色建筑的专业性文章、案例等，内容涉及绿色建筑的概念、设计、施工、技术、建材、管理及推广政策等方面。

尽管上述绿色建筑的宣传与教育在绿色建筑的推广中发挥了重要作用，但我国绿色建筑的宣传与教育仍然处于初级阶段，存在着参与主体少、宣传内容更新不及时、宣传对象范围窄、宣传手段单一等问题。在学校非专业性的绿色建筑的宣传教育中，参与学校的数量还不多，学校大多进行的是绿色教育，与建筑相关的内容相对涉及较少；职业培训机构以国家主管部门为主，社会力量很少涉及这个领域；绿色建筑宣传媒体也以与建筑相关的专业性媒体为主，大众媒体参与较少。媒体宣传以新闻报道、宣传专业人士的研究论文为主，而大众喜爱的其他宣传形式如绿色建筑专栏或绿色建筑知识问答、知识竞赛，绿色建筑有奖征文活动以及以绿色建筑为主题的小品、电影、电视纪录片等影视作品则相对匮乏。而绿色建筑的推广需要社会各方的共同努力，因而，在对绿色建筑的宣传教育中，应调动各方共同参与绿色建筑的宣传教育的积极性，根据不同的教育对象设置不同的宣传教育目标，采用不同的方法，有侧重点地实施，从而使宣传教育更具有针对性，以达到更好的效果。

第三节　企业绿色建筑与节能环保发展推广战略

房地产企业是建筑经济发展的细胞，其与建筑经济的兴衰有着密切的联系。房地产企业为人们提供建筑产品，影响着建筑的质量，房地产企业对绿色发展战略观念的认识与践行影响着资源的利用程度。

在《如何成为一名成功的绿色建筑建造商》一书中，作者在第一章就开门见山地阐述了绿色建筑的商业价值，并指出："简单地说，绿色建筑就是采用一种对周边环境影响最小的建造方式来建设的建筑。近年来，循环、再利用、避免浪费、以对地球未来生态环境的最小影响来实现最大利用的这种趋势越发明显，这为建筑行业的人们创造了一个崭新机遇。无论你是一个已经成熟的建造商，还是刚刚迈入这一行业，绿色建筑都会为你打开赢利之门。"这里的赢利是多赢，是共赢，是共赢共存。只有环境赢了，才可为人类发展提供物质资源，人类才有基础持续发展。可持续的绿色建筑将在减小对地球环境影响的同时，也为建筑行业带来增加收入的机会

一、企业绿色建筑竞争战略

有人说"商场如战场"，但市场终归不是战场，其目的都是更好地生存与发展。绿色竞争战略是比竞争对手能更好地满足各方的需要，能够更好地承担社会责任，能更好地促进经济的可持续发展、循环发展，把竞争中的压力转化为前进的动力，在竞争中，更好地提高科技水平、管理水平。绿色竞争的目的是促进社会进步，构建和谐社会，为生活添色彩，使人们生活得更加幸福、安宁、健康，实现环境和人类的共赢。

房地产企业作为建筑行业的从业者，承担着绿色建筑开发与实践的主要责任。绿色建筑的推广离不开众多房地产企业的实践与支持。在绿色建筑实践中，有些企业将绿色建筑作为企业的发展战略，并制订了相应的绿色战略规划，致力于绿色建筑技术的研究与开发，通过多种方法进行绿色建筑的宣传，推动绿色建筑发展，达成消费者、社会、企业多方共赢的局面，成功实现企业的发展目标。

（一）制定企业战略，坚持绿色建筑发展方向

绿色建筑的节能与环保的特点使得绿色建筑不仅体现了“科学发展观”“以人为本”和“和谐社会”的理念，也使其成为未来建筑业发展的必然趋势。因而对房地产企业而言，进行绿色化转型是未来面临的必然选择。目前在国内，一些具有长远目光、有责任心的公司已着手进行绿色建筑发展战略布局，进行绿色建筑的实践。

（二）投入资金，多方合作，研究绿色技术

企业绿色建筑发展战略实施的关键在于有先进的绿色建筑技术体系做支撑。作为新生事物的绿色建筑，在发展初期很多技术还需相关主体进行开发与完善。绿色建筑方面的先行企业在这方面投入了大量资金、人力，并与多方进行合作，共同开发绿色建筑技术体系，并将其应用于施工实践中。

（三）应用绿色技术，积极建造绿色建筑

企业在研究绿色建筑技术的同时，也将其不断地应用于建筑实践中，将绿色建筑由概念转化为建筑实体，建造不同形式的绿色建筑。对于建筑业企业而言，开发和建造绿色建筑能够带来更多的优势和价值。例如，美国一家公司调查结果表明，绿色商业建筑比常规建筑平均节省 26%的能源、降低 13%的维护成本、减少 33%的温室气体排放、增加 3.5%的入住率、增加 6.6%的投资回报

率、为楼宇多创造7.5%的商业价值，并提高了27%的入住者满意率。

二、企业绿色形象战略

企业在绿色建筑实践中，还通过各种手段、方法与消费者、合作伙伴及社会各界进行广泛沟通，使社会各界逐步形成绿色意识，消费绿色建筑产品，参与绿色建筑发展事业中，共同促进绿色建筑的普及与推广。

2010年上海世博会，作为中国唯一一家参展的房地产企业，万科以用麦秸秆压制而成的麦秸板作为“2049”万科馆的主要建筑材料，建成七座麦垛形状低碳建筑，以“尊重的可能”为主题，集中展示了万科在绿色人居方面的领先技术与项目实践，表达了万科对自然的敬畏与尊重；2010年3月，万科公益基金会、腾讯公益基金会联合发起以垃圾分类减量为主要内容的公益活动“零公里行动”。万科公司在绿色建筑、环保及社会公益活动中不断努力，获得了最多个荣誉称号，极大地提高了企业形象。

绿色建筑的战略与实践为企业带来了丰厚的回报与竞争优势。万科曾经连续三年问鼎全球住宅企业销售冠军，也成为国内首家销售金额突破1000亿的房地产企业。

第四节　绿色建筑与节能环保推广机制研究

绿色建筑的发展与经济投资密切相关，与不同人群的利益相关。绿色建筑是需要成本投入的，而这正是“市场机制部分失效”的领域，光靠市场运作来解决绿色建筑问题在国外也被证明是失灵的，这需要政府的强力干预，如运用立法、税收、管理等来调节。因此，在绿色建筑发展中，政府的导向和激励作用是必不可少的。

一、构建绿色建筑的法律机制

实现绿色建筑的发展，需要将人类社会中一切有利于绿色建筑发展的观念、行为普及化和永续化，需要长期保持和不断完善绿色建筑的经济资源条件、经济体制条件和社会环境条件，这些都有赖于法律的保障。只有通过法律手段，绿色建筑的技术规划才能转化为全体社会成员自觉遵循的规范，绿色建筑的机制和秩序才能够广泛而长期存在。

德国政府于1976年制定并公布了第一部建筑节能法，于1977年公布了详细的建筑热保护条例，提出了明确的建筑节能指标。该条例至今已经修改了三次，每次修改都对建筑节能指标提出了更高要求。与之相适应，低能耗建筑技术的研究和应用得到很大发展，其中作为能源生产和供应企业的德国电力公司也在低能耗建筑的研究和应用中发挥了积极的作用。

美国是人均能耗量最多的国家，在过去10余年间，美国共出台了《21世纪清洁能源的能源效率与可再生能源办公室战略计划》《国家能源政策》等10多项政策来推动节约能源。2003年出台的《能源部能源战略计划》更是把提高能源效率上升到能源安全战略的高度，并提出四大能源安全战略目标。

自然资源缺乏的日本从1979年开始实施《节约能源法》，对能源消耗标准做了严格的规定。2018年修正的《节约能源法》还提高了汽车、空调、冰箱、照明灯、电视机、复印机、计算机、录像机等产品的节能标准，日本政府资源能源厅把每年财政预算的四成用于节能和绿色建筑工作。

我国绿色建筑发展的法律体系已基本形成，但在操作层面，将这些法律规定下的基本原则与建筑行业、不同地区特点结合形成的行政与地方法规、规章与标准体系尚待完善，特别是包含生态建筑评价标准在内的可操作性强的各种标准、地方实施细则成为当前绿色建筑制度体系建设中的薄弱环节。

在规章与标准层面，我国的绿色建筑基本概念与原则得到初步确立，同时由国家标准、行业协会标准组成的绿色建筑标准体系经过若干年的发展，也正在逐步完善中，但关于《绿色建筑评价标准》所确定的基本原则与绿色建筑的微观制度相结合的恰当方式，仍在摸索中。在绿色建筑规章与标准的编制、修订过程中，将更多地引入绿色建筑产业链条不同环节的专家参与其中，规章、标准与现实市场的结合度将得到提高。

二、政府的激励引导机制

据统计，建筑建造和使用过程中产生的二氧化碳约占全球碳排放总量的55%，当前绿色建筑的发展水平关系到中国节能减排工作的实施效果。由于绿色建筑对节能、节水、节材等方面的要求较高，投入成本相应增加，经济效益释放缓慢，因此市场竞争的直接优势不明显。

从英、美等绿色建筑推行较为成功的发达国家的经验来看，在绿色建筑的起步阶段，政府的推动和扶持是引导市场走上绿色之路的重要手段。以美国为例，其绿色建筑相关产品的推广首先是从政府办公楼和公共建筑项目开始的，政府的积极支持起到了很好的示范和推动作用。此外，英、美等国政府为支持绿色建筑，纷纷为本国绿色建筑的评估和实践提供财政支持和税收优惠政策，减少开发商和住户的额外支出，促使绿色建筑被社会广泛关注和认可。

笔者认为，在制定绿色建筑的经济激励政策时，必须从两个方面来考虑：一是消除非绿色建筑的不经济性，二是发挥绿色建筑的经济性。要解决这两个问题，同样需要考虑绿色建筑激励政策的两种类型：一是补贴政策，二是税收政策。

1.实施有针对性的财政补贴政策

研究和实际经验都表明，发掘、改善建筑节能性能的最好时机是在设计过程的最初阶段。因此，政府、开发者以及经营者应努力整合设计师、工程师及其他各方面的力量，在设计阶段的前期提供指导、培训和经费支持，提倡提高建筑的绿色性能。

加拿大的商业建筑鼓励计划（Commercial Building Incentive Program，简称“CBIP”）就是一个很好的案例。该计划中的财政激励集中用于补贴设计过程中费用的增长。计划中对于那些节能性能改善优于同家建筑能源标准25%以上的建筑，提供建筑预期年节约能源成本两倍的财政经费奖励。

为此，建议把政府引导与发挥市场机制有机结合起来，对绿色建筑开发、消费予以专项的产业振兴政策支持，比如培育市场化的绿色消费环境，对绿色建筑的购房者予以普通住宅首套房同等信贷政策支持、享受与首次置业购买普通住宅同等的契税等优惠政策。加大绿色建筑经济效益上的可行性论证，对达到一定标准的绿色建筑设立专项的资金予以补贴，并给予开发企业税费减免、贴息贷款等政策支持等。

2.引入绿色税收政策

税收是实现社会目标的基本工具，制定绿色税收政策可以为绿色建筑及其产品的开发提供优惠条件。目前，美国不少联邦、州和地方政府对绿色建筑产品的开发和使用提供了税收优惠。美国马里兰州在 2001 年 5 月针对商业建筑和多家庭居住的新建筑实施了新税收条例，承租人可以对自己的控制性租用面积投资申请税收优惠，在所建造建筑物符合绿色建筑质量要求时，针对个人收入情况，可给予 8%的税收优惠。服务于绿色建筑的动力系统，包括光电、风力发电和燃料电池等项目也可以得到优惠。在德国，利用税收优惠政策推动建筑节能，鼓励了新能源技术的研发。政府适当地提高了汽油和建筑采暖用油的税率。生态税的制定减轻了企业和个人的税收负担，而加强了能源消耗的税收。两国的经验表明，利用税收政策，可以实现对绿色建筑的积极引导。因此，可以说，绿色税收政策的引入是政府对绿色建筑引导的有效手段。

3.建立和完善绿色建筑评估体系

绿色建筑在发达国家的发展直到今天，其成熟的标志就是都不约而同地建立了绿色建筑评估体系。20 世纪 90 年代以来，世界多国都发展了各种不同类型的绿色建筑评估体系，为绿色建筑的实践和推广做出了重大的贡献。目前国际上发展较成熟的绿色建筑评估体系有英国的 BREEAM、美国的 LEED、加拿大的 GBC 等，这些体系的架构和应用成为其他各国家建立新型绿色建筑评估体系的重要参考。

因此，在绿色建筑的初创期，政府如何通过一系列制度建设，承担起市场机制尚未成熟的推动功能，促进和培育各种市场主体，并从法律上支持和保护各主体的利益，运用有效的激励机制，切实降低经济成本，充分调动各方积极性，将绿色建筑全面铺开，是目前政府和行业管理者推行绿色建筑所面临的一大挑战。只有建立了完善的绿色建筑法律体系，才能依法把绿色建筑的推广工作落到实处。而相应的优惠政策可以实现对绿色建筑的积极引导。只有这样，才能使各项政策相互配合，加快推进绿色建筑的发展。

参考文献

[1] 白润波，孙勇. 绿色建筑节能技术与实例[M]. 北京：化学工业出版社，2012.

[2] 郭志强. 绿色建筑技术在建筑工程中的优化应用分析[J]. 居业，2020（10）：136-137.

[3] 何文臣. 绿色建筑技术在建筑设计中的优化[J]. 住宅与房地产，2021（3）：105-106.

[4] 姜立婷. 绿色建筑与节能环保发展推广研究[M]. 哈尔滨：哈尔滨工业大学出版社，2020.

[5] 巨怡雯. 探讨绿色建筑设计与绿色节能建筑的关系[J]. 中国住宅设施，2020（10）：45-46.

[6] 李佳. 绿色建筑节能设计中的围护结构保温技术[J]. 建材与装饰，2020（15）：83-84.

[7] 刘德建. 低碳节能建筑设计和绿色建筑生态节能设计研究[J]. 建筑技术开发，2020，47（19）：141-142.

[8] 刘怀军. 在绿色节能角度下的建筑给排水设计研究[J]. 房地产世界，2021（4）：27-29.

[9] 彭荣强. 简析绿色建筑设计理念在居住区设计中的应用[J]. 中国住宅设施，2020（11）：45-46.

[10] 秦煜. 建筑节能在建筑设计中的应用分析[J]. 建材与装饰，2020（16）：93＋97.

[11] 孙凯敏. 绿色建筑设计理念在建筑工程设计中的融合应用[J]. 决策探索

（中），2020（10）：27.
[12] 王伟. 浅析绿色建筑设计理念在教学建筑设计中的应用[J]. 中外建筑，2020（11）：105-107.
[13] 王璇. 简析建筑设计中绿色建筑设计理念运用[J]. 城市建设理论研究（电子版），2020（18）：54-55.
[14] 钱琰，张一兵，顾贤光. 绿色建筑理念下的建筑节能设计研究[J]. 工业设计，2020，（3）：73-75.
[15] 谢水双. 建筑工程中绿色建筑技术应用浅析[J]. 智能建筑与智慧城市，2020（8）：58-60.
[16] 于群，杨春峰. 绿色建筑与绿色施工[M]. 北京：清华大学出版社，2017.
[17] 张季超，吴会军，周观根，等. 绿色低碳建筑节能关键技术的创新与实践[M]. 北京：科学出版社，2014.
[18] 张蕾，曹涛. 实现绿色建筑电气设计模式的转型思路分析[J]. 中国设备工程，2021（1）：22-23.
[19] 张晓东，矫富磊. 绿色建筑设计的探索与节能设计发展应用构建[J]. 智能建筑与智慧城市，2020（8）：56-57.
[20] 赵大龙. 建筑设计中绿色建筑设计理念的运用分析[J]. 建筑技术开发，2020，47（24）：127-128.